广西职业教育示范特色专业及实训基地项目成果教材

模具设计与制造技术

MU JU SHE JI YU ZHI ZAO JI SHU

主 编◎罗善斌　　副主编◎卢永红　黄猛

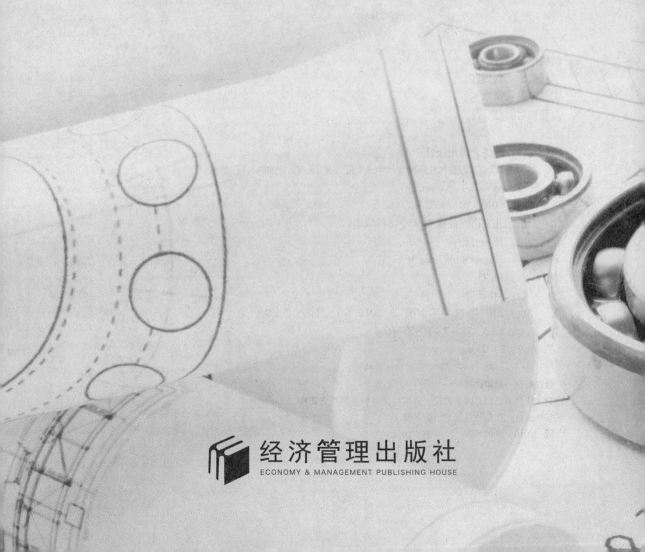

经济管理出版社

ECONOMY & MANAGEMENT PUBLISHING HOUSE

图书在版编目（CIP）数据

模具设计与制造技术/罗善斌主编 . —北京：经济管理出版社，2016.12
ISBN 978 - 7 - 5096 - 4662 - 5

Ⅰ . ①模… Ⅱ . ①罗… Ⅲ . ①模具—设计—高等学校—教材②模具—制造—高等学校—教材
Ⅳ . ①TG76

中国版本图书馆 CIP 数据核字（2016）第 241800 号

组稿编辑：魏晨红
责任编辑：魏晨红
责任印制：黄章平
责任校对：超　凡

出版发行：经济管理出版社
　　　　　（北京市海淀区北蜂窝 8 号中雅大厦 A 座 11 层　100038）
网　　址：www. E - mp. com. cn
电　　话：(010) 51915602
印　　刷：北京市海淀区唐家岭福利印刷厂
经　　销：新华书店
开　　本：787mm × 1092mm/16
印　　张：13.75
字　　数：341 千字
版　　次：2016 年 12 月第 1 版　　2016 年 12 月第 1 次印刷
书　　号：ISBN 978 - 7 - 5096 - 4662 - 5
定　　价：36.00 元

编委会

总　　编：杨国武

主　　编：罗善斌

副 主 编：卢永红　黄　猛

参编人员：何彩霞　黄志刚

李经炎（广西南宁高级技工学校）

刘均勇（南宁市多益达机械模具厂总经理）

前　言

　　模具是制造业的基础工艺装备，被广泛应用于制造业的各个领域。模具制造水平是衡量一个国家机械制造业水平的重要标志。我国是一个工业大国，已经具备制造大型、精密、复杂、长寿命模具的能力。为了适应模具制造业人才培养的需要，本书在编写中根据中等职业教育的特点以及模具设计与制造专业的培养目标和教学要求，力求突出适用性和适度性，以体现中等职业教育特色和行业教育特色。

　　本书以培养模具专业学生能尽快适应实际工作为出发点，本着专业知识够用为度，重点培养学生从事实际工作的基本能力和基本技能的指导思想，将各种典型模具的相关知识进行了科学的优化组合，从模具基础知识及模型的拆装实训，到模具设计与制造真实案例讲解，最后是三维软件的模具设计案例，力求突出实用性、系统性和知识的综合应用性。从企业对人才要求的角度，将课堂教学、现场教学及实训融为一体。

　　本书广泛参考和汲取相关教材的优点，充分吸收最新学科理论的研究成果和教学改革成果，内容尽可能结合专业，紧贴市场，文字深入浅出，力求通俗易懂，大量的典型图例直观清晰，既可作为技工、中专院校的模具专业教材，也可作为模具短训班的速成培训教材。

　　本书在体系架构方面，每个任务开头均介绍了任务目标，任务结束后设置了任务习题并附有配套答案，便于教师教学和学生自学，有助于学生尽快学习和领悟书中的知识结构系统，加强对所学知识的综合应用。

　　本书由田东职业技术学校的一线教师编写。罗善斌主编，杨国武、李经炎和刘均勇对全书进行了审阅并提出了宝贵意见。在此对在本书出版过程中给予支持帮助的单位和个人表示诚挚的感谢！

　　由于时间仓促，编者水平有限，读本难免存在不足、不妥之处，真诚希望得到广大专家和读者的批评和指正。

编者

2016 年 9 月

目　　录

认识模具

任务目标

(1) 了解模具的定义及作用。

(2) 掌握模具的分类。

(3) 了解模具行业的发展前景。

基本概念

一、模具的概念

我们从今天开始学习模具设计与制造的相关知识。什么是模具呢？大家可能对这个名词很陌生，对模具有一种神秘感，其实模具与我们的生活息息相关，日常生活中我们经常能够接触到模具产品。事实上模具就是一种工具，用模具制造出来的产品叫做模具产品。

模具制造企业中有各式各样的模具，如压铸模成型的水龙头开关（见图1-1），塑料模成型的塑料杯子（见图1-2），吹塑模成型的塑料瓶子（见图1-3），冲压模成型的开瓶器（见图1-4）、饭盒（见图1-5）等。总之，模具有大有小，有轻有重，有简单有复杂，形式各异、多种多样。

二、模具的分类

最常见的模具分为五金模具和塑胶模具两大类。

图 1-1　金属水龙头开关

图 1-2　塑料水杯

图 1-3　塑料瓶

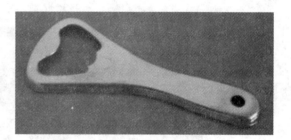

图 1-4　开瓶器

图 1-5　饭盒

1. 常见的五金模具

（1）冲压模。冲压模具是在冷冲压加工中，将材料加工成零件（或半成品）的一种特殊工艺装备，称为冷冲压模具（俗称冷冲模）。冲压是在室温下，利用安装在压力机上的模具对材料施加压力，使其产生分离或塑性变形，从而获得所需零件的一种压力加工方法。

（2）锻模。锻模是热模锻的工具。锻模模膛制成与所需锻件凹凸相反的相应形状，并作合适的分型。将锻件坯料加热到金属再结晶温度上的锻造温度范围内，放在模上，再利用锻造设备的压力将坯料锻造成带有飞边或极小飞边的锻件。

（3）压铸模具。压铸模具是铸造液态模锻的一种方法，一种在专用的压铸模锻机上完成的工艺。它的基本工艺过程是：金属液先低速或高速铸造充型进模具的型腔内，模具有活动的型腔面，它随着金属液的冷却过程加压锻造，既消除毛坯的缩孔缩松缺陷，也使毛坯的内部组织达到锻态的破碎晶粒。毛坯的综合机械性能得到显著提高。

2. 常见的塑胶模具

常见的塑胶模具有注射成型模具、压缩成型模具、压注成型模具、挤出成型模具、吹塑成型模具等。

除了上述介绍的几种常用的塑料成型方法外，还有气动成型、泡沫塑料成型、浇注成型、滚塑成型、压延成型以及聚四氟乙烯冷压成型等。

三、模具行业的发展前景

1. 现状

模具的特点决定了模具工业的快速发展，模具制造水平是衡量一个国家机械制造业水平的重要标志。我国已经具备制造大型、精密、复杂、长寿命模具的能力。

2. 发展状况

（1）制造设备水平的提高促进模具制造技术的发展。先进的模具加工设备拓展了机械加工模具的范围，提高了加工精度，降低了表面粗糙度，大大提高了生产效率。如数控仿形铣床、加工中心、精密坐标磨床、数控坐标磨床、数控电火花成型机、慢走丝线切割、精密电加工机床、三坐标测量机、挤压研磨机、激光快速成型机等。

（2）模具新材料的应用促进模具制造技术的发展。模具材料是影响模具寿命、质量、生产效率和生产成本的重要因素，目前我国模具寿命仅为发达国家的 $1/5 \sim 1/3$，而其中材料和热处理原因占 60% 以上。随着新型优质模具钢的不断开发（如 65Nb、LD1、HM1、GR 等）以及热处理工艺和表面强化处理工艺的进一步完善和发展（如组织预处理、高淬低回、低淬低回、低温快速退火等热处理工艺以及化学热处理、气相沉积、渗金属、电火花强化等新工艺、新技术），都将极大地促进和提高模具制造技术的快速发展。

（3）模具标准化程度的提高促进模具制造技术的发展。模具的标准化程度是模具技术发展的重要标志，目前我国的标准化程度约占 30%（50 多项国家标准 300 多个标准号），而发达国家为 70% ~ 80%，标准化促进了模具的商品化，商品化推动了模具生产的专业化。从而要提高模具制造质量，缩短制造周期，降低制造成本，也将促进新材料、新技术的应用。

（4）模具现代设计和制造技术促进了模具制造技术的发展。CAD/CAM/CAE 技术的发展，使模具设计与制造向着数字化方向发展，尤其在成型零件方面软件（如 UG、Pro/E）的广泛应用，实现了模具设计与制造的一体化，极大地提高了模具制造技术和制造水平，也是模具制造技术的主要发展方向。

3. 发展趋势

社会快速发展，产品不断增多，更新换代加快，模具质量和生产周期尤为重要，从而决定了模具制造技术的发展趋势：

（1）粗加工向高速加工发展。

（2）成型表面的加工向精密、自动化方向发展。

（3）光整加工向自动化方向发展。

（4）反向制造工程制模技术的发展。

（5）模具 CAD/CAM/CAE 技术将有更快的发展。

 任务试题

1. 什么是模具？

2. 请列举五种日常生活中常见的模具品，并尝试说明这些模具品是用什么类型的模具生产出来的。

3. 常见模具分为哪几大类？各类型下面分别还有哪几类？

任务二　常见模具工量具

任务目标

（1）认识模具常用工量具。
（2）掌握工量具的特点及应用。
（3）掌握常用工量具的维护与保养。

基本概念

在模具制造、成型、维修及拆装过程中经常使用各种工量具，熟练、灵活运用工量具是提高生产效率、提高装配及维修质量的有效手段。

一、常用模具钳工工具

1. 扳手

（1）内六角扳手。成 L 形的六角棒状扳手，如图 1-6 所示，专用于拆装标准内六角螺钉。内六角扳手的型号是按照六方的对边尺寸来说的，对应螺栓的尺寸有国家标准。

（2）套筒扳手。由多个带六角孔或十二角孔的套筒并配有手柄、接杆等多种附件组成，如图 1-7 所示，专门用于拆装标准六角头螺母、螺栓，特别适用于拆装空间十分狭小或凹陷在很深处的螺栓或螺母。

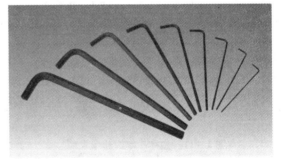

图 1-6　内六角扳手

(a) 整套的套筒扳手

(b) 六角孔的套筒

图 1-7　套筒扳手

（3）活动扳手。开口宽度可在一定尺寸范围内进行调节，可用来拆装不同规格的螺栓或螺母。活动扳手如图 1-8 所示。

活动扳手具有通用性强、使用广泛等优点，但使用不方便，拆装效率不高。

图 1-8　活动扳手

在使用扳手时，应优先选用标准扳手，因为标准扳手的长度是根据其对应的螺栓所需的拧紧力矩而设计的，力矩比较适合，否则将损坏螺纹。

通常 5 号以上的内六角扳手允许使用长度合理的管子来接长扳手（管子一般由企业自制）。拧紧时应防止扳手脱手，以防手或头等身体部位碰到设备或模具而造成人身伤害。

2. 螺钉旋具

螺钉旋具又名螺丝刀、起子等，按其头部形状可分为一字形和十字形两种。

（1）一字槽起子。用于拆装各种标准的一字槽螺钉，按照手柄的不同，一字槽起子又分为塑料柄、木柄和短柄三种，如图 1-9、图 1-10、图 1-11 所示。

（2）十字槽起子。用于拆装各种标准的十字槽螺钉，形式和使用与一字槽起子相似，如图 1-12 所示。

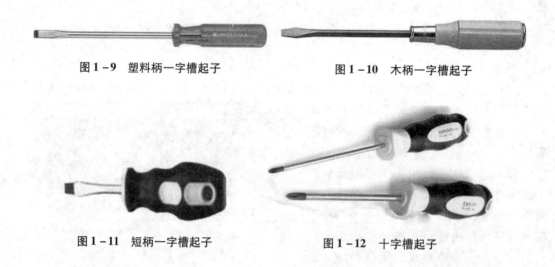

图 1-9　塑料柄一字槽起子　　　　　图 1-10　木柄一字槽起子

图 1-11　短柄一字槽起子　　　　　图 1-12　十字槽起子

使用旋具要适当，对十字槽螺钉尽量不用一字形旋具，否则会拧不紧甚至会损坏螺钉槽。一字形槽的螺钉要用刀口宽度略小于槽长的一字形旋具。若刀口宽度太小，不仅拧不紧螺钉，而且易损坏螺钉槽。在受力较大或螺钉生锈难以拆卸的时候，可选用方形旋杆螺钉旋具，以便能用扳手夹住旋杆扳动，增大力矩。

3. 手钳

（1）管子钳。用于紧固或拆卸各种管子、管路附件或圆形零件，如图 1-13 所示。其特点是重量轻，使用轻便，不易生锈。在拆装大型模具时也经常使用。

（2）尖嘴钳。用于在狭小工作空间夹持小零件和切断或扭曲细金属丝，为仪表、电信器材、家用电器等的装配、维修工作中常用的工具，如图 1-14 所示。

图 1 – 13 管子钳	图 1 – 14 尖嘴钳

尖嘴钳根据其柄部结构，分为柄部带塑料套与不带塑料套两种。

（3）大力钳。用于夹紧零件进行铆接、焊接、磨削等加工，也可作扳手使用，是模具或维修钳工经常使用的工具，如图 1 – 15 所示。

其钳口可以锁紧，并产生很大的夹紧力，使被夹紧零件不会松脱；而且钳口有多档调节位置，供夹紧不同厚度的零件使用。

图 1 – 15 大力钳

（4）挡圈钳。挡圈钳又称卡簧钳，是一种用来安装内簧环和外簧环的专用工具，外形上属于尖嘴钳一类，如图 1 – 16 所示，其不仅可以用于安装簧环，也能用于拆卸簧环。

由于挡圈有孔用、轴用之分，以及安装部位不同等，可根据需要，分别选用直嘴式或弯嘴式、孔用或轴用挡圈钳。

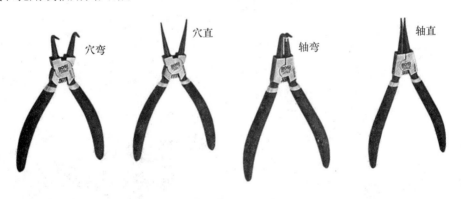

图 1 – 16 挡圈钳

（5）钢丝钳。钢丝钳用于夹持或弯折薄片形、圆柱形金属零件及切断金属丝，其旁刃口也可用于切断金属丝。

钢丝钳根据其柄部结构，分为柄部带塑料套与不带塑料套（表面发黑或镀铬）两种。如图 1 – 17 所示为柄部带塑料套的钢丝钳。

4. 手锤

（1）圆头锤。圆头锤用于一般锤击，如图 1 – 18 所示。

图 1-17 柄部带塑料套的钢丝钳

图 1-18 圆头锤

（2）塑顶锤。塑顶锤用于各种金属件和非金属件的敲击、装卸及无损伤成型，如图 1-19 所示。

（3）铜锤。铜锤用于敲击零件，不损伤零件表面，如图 1-20 所示。手锤的握法有紧握法和松握法两种，如图 1-21 所示。

图 1-19 塑顶锤

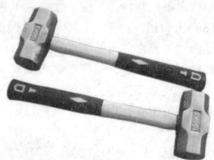

图 1-20 铜锤

紧握法用右手五指紧握锤柄，大拇指合在食指上，虎口对准锤头方向（木柄椭圆的长轴方向），木柄尾端露出约 15~30mm。在挥锤和锤击过程中，五指始终紧握。

松握法只用大拇指和食指始终握紧锤柄。在挥锤时，小指、无名指、中指则依次放松；在锤击时，又以相反的次序收拢握紧。这种握法的优点是手不易疲劳，且锤击力大。

5. 铜棒

铜棒是模具钳工拆装模具必不可少的工具，如图 1-22 所示。在装配修磨过程中，禁止使用铁锤敲打模具零件，而应使用铜棒打击，其目的就是防止模具零件被打击至变形。使用时用力要适当、均匀，以免安装零件卡死。

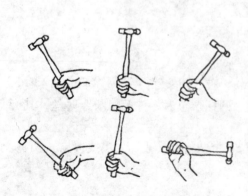

图 1-21 手锤的握法

图 1-22 铜棒

二、常用量具

1. 游标卡尺

（1）游标卡尺的结构。游标卡尺由主尺和附在主尺上能滑动的游标两部分构成。游标卡尺的主尺和游标上有两副活动量爪，分别是内测量爪和外测量爪，内测量爪通常用来测量内径，外测量爪通常用来测量长度和外径。游标卡尺的结构如图 1 – 23 所示。

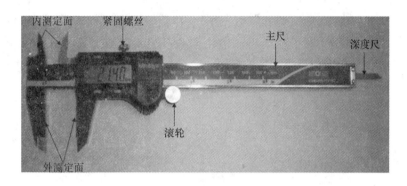

图 1 – 23　游标卡尺的结构

（2）游标卡尺的使用。游标卡尺是一种测量物体的内径、外径、长度、宽度、厚度、段差、高度、深度的量具，是最常用、使用最方便的量具。游标卡尺的使用如图 1 – 24 所示。

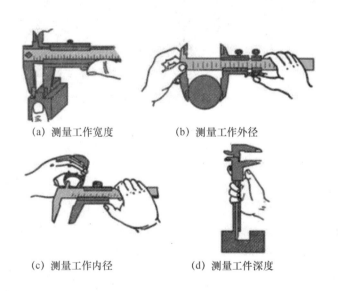

(a) 测量工作宽度　　　　(b) 测量工作外径

(c) 测量工作内径　　　　(d) 测量工件深度

图 1 – 24　游标卡尺的使用

（3）使用游标卡尺的注意事项。

1）使用卡尺测量时，卡尺的测量面应尽量与被测物体的测量面平行或垂直。

2）测量深度时，如被测物体有 R 角时，需避开 R 角但紧靠 R 角，深度尺与被测高度尽量保持垂直。

3）卡尺测量圆柱时，需转动且分段测量取最大值。

因卡尺使用的频率高，保养工作需要做到最好，每天使用完后需擦拭干净后放入盒内，使用前需用量块检验卡尺的精度。

2. 高度尺

（1）高度尺的结构。高度尺的结构如图1-25所示。

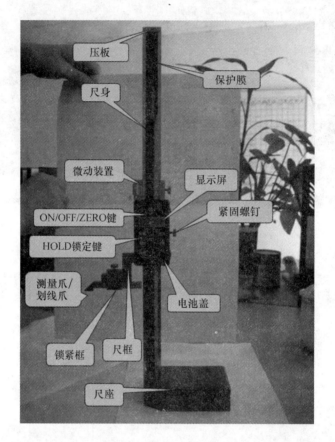

图1-25　高度尺的结构

（2）高度尺的使用。高度尺的主要用途是测量工件的高度，另外还经常用于测量形状和位置公差尺寸，有时也用于划线。

（3）使用高度尺的方法与注意事项：

1）开始使用前，用干燥清洁的布（可沾少许清洁油）反复擦拭保护膜表面。

2）工作环境：温度5℃~40℃，相对湿度80%以下，防止含水分的液体物质沾湿保护膜表面。

3）不准在任何部位上施加电压（如用电笔刻字），以免损坏电路。

4）正确设置测量起点，除非更改设置，否则不要随便按ON/OFF键，以免发生测量错误。

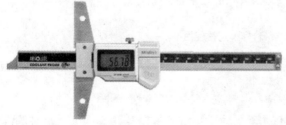

图1-26　深度尺

5）测量爪尖端锋利，防止碰伤。

3. 深度尺（见图1-26）

（1）深度尺的结构如图1-27所示。

（2）深度尺的使用。在正式安装热流道系统前，必须先检查热流道安装位置的板高等尺寸是否合格，这时就需要用到深度尺。

读数时首先以游标零刻度线为准在尺身上读取毫米整数，即以毫米为单位的整数部分。其次看游标上第几条刻度线与尺身的刻度线对齐，如第6条刻度线与尺身刻度线对齐，则小数部分即为0.6毫米（若没有正好对齐的线，则取最接近对齐的线进行读数）。如有零误差，则一律用上述结果减去零误差（零误差为负，相当于加上相同大小的零误差），读数结果为：L = 整数部分 + 小数部分 - 零误差。

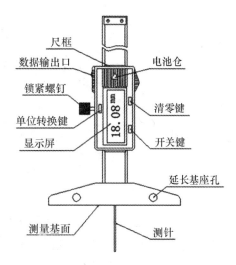

图1-27　深度尺的结构

判断游标上哪条刻度线与尺身刻度线对准，可用下述方法：选定相邻的三条线，如左侧的线在尺身对应线之右，右侧的线在尺身对应线之左，中间那条线便可以认为是对准了。

如果需测量几次取平均值，无须每次都减去零误差，只要用最后结果减去零误差即可。游标卡尺的精度分为：0.1mm、0.05mm、0.02mm。

（3）使用深度尺的注意事项。

1）测量时先将尺框的测量面贴合在工件被测深部的顶面上，注意不得倾斜，然后将尺身推上去直至尺身测量与被测深部手感接触，此时即可读数。

2）由于尺身测量面小，容易磨损，在测量前需检查深度尺的零位是否正确。

3）深度尺一般都不带有微动装置，如使用带有微动装置的深度尺时，需注意切不可接触过度，以致带来测量误差。

4）由于尺框测量面比较大，在使用时，应使测量面清洁，无油污灰尘，并去除毛刺、锈蚀等缺陷的影响。

5）选用测量爪适当的部位，测量时应尽量避免使用刀口形测量面而使用靠近尺身的平测量面。

6）测量温度要适宜，当卡尺和被测件的温度相同时，测量温度与标准温度的允许偏差可适当放宽。

4. 扭力扳手（见图1-28）

（1）扭力扳手的结构（见图1-29）。

（2）扭力扳手的使用。在紧固螺丝、螺栓、螺母等螺纹紧固件时需要控制施加的力矩大小，以保证螺纹紧固且不至于因力矩过大而破坏螺纹，所以用扭力扳手来操作。

1）根据工件所需扭矩值要求，确定预设扭矩值。

2）预设扭矩值时，将扳手手柄上的锁定环下拉，同时转动手柄，调节标尺主刻度线和微分刻度线数值至所需扭矩值。调节好后，松开锁定环，手柄自动锁定。

3）在扳手方榫上装上相应规格的套筒，并套住紧固件，再在手柄上缓慢用力。施加外力时必须按标明的箭头方向。当拧紧到发出信号"咔嗒"的一声（已达到预设扭矩值）时停止加力。一次作业完毕。

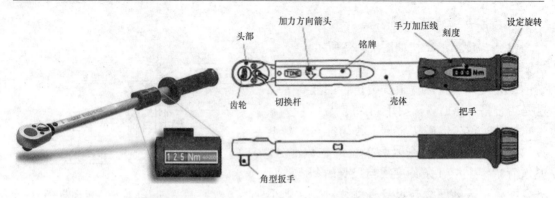

图 1 - 28　扭力扳手　　　　　　　　图 1 - 29　扭力扳手的结构

4）使用大规格扭力扳手时，可另外加接长套杆以便操作省力。

5）如长期不用，调节标尺刻线退至扭矩最小数值处。

（3）注意事项。

1）不能使用预置式扭力扳手去拆卸螺栓或螺母。

2）严禁在扭力扳手尾端加接套管延长力臂，以防损坏扭力扳手。

3）根据需要调节所需的扭矩，并确认调节机构处于锁定状态才可使用。

4）使用扭力扳手时，应平衡缓慢地加载，切不可猛拉猛压，以免造成过载，导致输出扭矩失准。在达到预置扭矩后，应停止加载。

5）预置式扭力扳手使用完毕，应将其调至最小扭矩，使测力弹簧充分放松，以延长其寿命。

6）应避免水分进入预置式扭力扳手，以防零件锈蚀。

三、流道系统相关工具

热流道系统中具有电气设备，在安装时或安装完成后，需要测量电气性能，比如是否绝缘良好、线路是否接通等，因此就需要用到电工工具。

1. 万用表

万用表分为指针式万用表和数字万用表两种，如图 1 - 30 所示，因现今行业内数字万用表已成为主流，所以这里主要介绍数字万用表的使用。

（1）数字万用表的使用方法。

1）使用前应熟悉万用表的各项功能，根据被测量的对象，正确选用挡位、量程及表笔插孔。

2）在被测数据大小不明时，应先将量程开关置于最大值，而后由大量程往小量程挡处切换，使仪表指针指示在满刻度的 1/2 以上处即可。

3）测量电阻时，在选择了适当倍率挡后，将两表笔相碰使指针指在零位，如指针偏离零位，应调节"调零"旋钮，使指针归零，以保证测量结果准确。如不能调零或数显表发出低电压报警，应及时检查。

4）在测量某电路电阻时，必须切断被测电路的电源，不得带电测量。

（2）注意事项。

1）在使用万用表之前，应先进行"机械调零"，即在没有被测电量时，使万用表指针指在零电压或零电流的位置上。

(a) 指针式万用表　　　　　　　　　　(b) 数字万用表

图 1-30　万用表

2）在使用万用表的过程中，不能用手去接触表笔的金属部分，这样一方面可以保证测量的准确，另一方面也可以保证人身安全。

3）在测量某一电量时，不能在测量的同时换挡，尤其是在测量高电压或大电流时，更应注意。否则，会使万用表毁坏。如需换挡，应先断开表笔，换挡后再去测量。

4）万用表在使用时，必须水平放置，以免造成误差。同时，还要注意到避免外界磁场对万用表的影响。

5）使用完毕，应将万用表转换开关置于交流电压的最大挡。如果长期不使用，还应将万用表内部的电池取出来，以免电池腐蚀表内其他器件。

2. 剥线钳

剥线钳是把单股线和多股线剥开线头的工具，是由刀口、压线口和钳柄组成，如图 1-31 所示。剥线钳适用于塑料、橡胶绝缘电线、电缆芯线的剥皮。

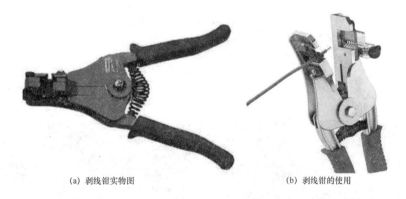

(a) 剥线钳实物图　　　　　　　　　　(b) 剥线钳的使用

图 1-31　剥线钳

（1）剥线钳的使用方法。

1）根据缆线的粗细型号，选择相应的剥线刀口。

2）将准备好的电缆放在剥线工具的刀刃中间，选择好要剥线的长度。

3）握住剥线工具手柄，将电缆夹住，缓缓用力使电缆外表皮慢慢剥落。

4）松开工具手柄，取出电缆线，这时电缆金属整齐露出外面，其余绝缘塑料完好无损。

（2）注意事项。

1）操作时请戴上护目镜。

2）为了不伤及断片周围的人和物，请确认断片的飞溅方向后再进行切断。

图1-32　压线钳

3）务必关紧刀刃尖端，放置在幼儿无法伸手拿到的安全场所。

3. 压线钳

压线钳是把剥开的线头和线鼻子（即接线柱）压合在一起，用于导电和接线，如图1-32所示。

（1）使用方法。

1）将压线片从压线片上剪下，将导线进行剥线处理，裸线长度约15mm，与压线片的压线部位大致相等，如图1-33所示。

2）将压线片的开口方向向着压线槽放入，并使压线片尾部的金属带与压线钳平齐，如图1-34所示。

图1-33　压线钳使用方法1

图1-34　压线钳使用方法2

3）将导线插入压线片，对齐后压紧，如图1-35所示。

4）将压线片取出，观察压线的效果，掰去压线片尾部的金属带即可使用，如图1-36所示。

图1-35　压线钳使用方法3

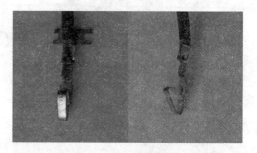

图1-36　压线钳使用方法4

（2）注意事项。

1）操作时请戴上护目镜。

2）为了不伤及断片周围的人和物，请确认断片飞溅方向后再进行切断。

3）务必关紧刀刃尖端，放置在幼儿无法伸手拿到的安全场所。

4. 电热水口钳

水口钳主要用于修剪模具成型后留在塑料上的浇口，如图1-37所示。

图1-37　电热水口钳

（1）使用方法。

1）使用前请先连接电源再开启开关。

2）剪切时切记不得使用蛮力，应轻轻施压以热度熔解所需剪切物品，以免造成刀刃损坏。

（2）注意事项。

1）不使用时须将刀刃表面粘着的残余物清理干净，并抹上一层薄薄的机油，以免刀刃卡住，影响工作时效。

2）非绝缘钳子不得带电作业，以防止触电，危害使用者安全。

3）不得将钳子当做锤子使用，以免损坏工具。

5. 美工刀

美工刀又称切刀，主要用来切断薄纸或者薄膜。

（1）使用方法。

1）握笔法。就像握铅笔那样用拇指、食指、中指轻轻握住握柄，跟写字一样可以自由活动，如图1-38所示。切割细小物体可以用这种握法。

2）食指握法。食指放在刀背上，手掌抵住握柄，如图1-39所示。这是一种用力比较容易的握法。切割硬质物体时使用这种握法，注意用力要适度。

图 1-38 美工刀使用——握笔法

图 1-39 美工刀使用——食指握法

图 1-40、图 1-41 所示的用法是错误的。

（2）注意事项。

1）刀片绝对不对着人。

2）刀片不伸出太多。

3）不使用时收好刀片。

4）不能切割的刀片及时替换。

5）正确的姿势和整理整顿。

6）从对面往手的方向切割。

7）切刀对于纸是垂直握拿。

8）刀尖的角度是 30°左右。

9）手不要放在刀的前进方向。

图 1-40 美工刀错误使用示范
——横向切割

四、吊装工具及配件

在模具行业中，常用的吊装工具和配件有吊环螺钉、钢丝绳、手拉葫芦、钢丝绳电动葫芦等。

1. 吊环螺钉（见图 1-42）

（1）用途。吊环螺钉配合起重机，用于吊装模具、设备等重物。

（2）注意事项。

1）安装时一定要旋紧，保证吊环台阶的平面与模具零件表面贴合。

图 1-41 美工刀错误使用示范
——把手放在刀的前进方向

2）吊环大小的选用和安装最好按照标准件供应商提供的参数。

3）要保证吊环的强度足够以确保安全。

图 1-42 吊环螺钉

2. 钢丝绳（见图 1-43）

（1）用途。主要用于吊运、拉运等需要高强度线绳的吊装和运输中。

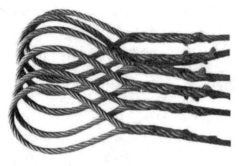

图 1-43 钢丝绳

（2）注意事项。在滑车组的吊装作业中，多选用交互捻的钢丝绳；要求耐磨性较高的钢丝绳，多用粗丝同向捻制的钢丝绳，不但耐磨，而且挠性好。

1）为了安全，用于吊装的钢丝绳应该要有足够的强度，在用两个吊环吊装时要注意钢丝绳之间的夹角最大不可超过 90°，而且越小越好。

2）使用时应防止各种情况下钢丝的扭曲、扭结、股的变位，以防钢丝绳发生折断现象。

3）在使用前和使用中，应经常注意检查有无断丝现象，以确保安全。

4）在吊装过程中，不应有冲击性动作，确保安全。

5）防止锈蚀和磨损，应经常涂抹油脂，勤于保养。

6）操作人员应戴上防护手套后再使用钢丝绳，以免损伤手。

3. 手拉葫芦（见图 1-44）

图 1-44 手拉葫芦

（1）用途。供手动提升重物用，是一种使用简单、携带方便的手动起重机械。

（2）注意事项。

1）严禁超载使用和用人力以外的其他动力操作。

2）在使用前须确认机件完好无损，传动部分及起重链条润滑良好，空转情况正常。

3）起吊前检查上下吊钩是否挂牢。严禁重物吊在尖端等错误操作。起重链条应垂直悬挂，不得有错扭的链环，双行链的下吊钩架不得翻转。

4）在起吊重物时，严禁人员在重物下做任何工作或行走，以免发生人身事故。

5）在起吊过程中，无论重物上升或下降，拽动手链条时，用力应均匀和缓，不要用力过猛，以免手链条跳动或卡环。

6）操作者如发现手拉力大于正常拉力时，应立即停止使用。

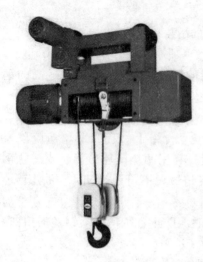

图 1 – 45　钢丝绳电动葫芦

图 1 – 46　拔销器

4. 钢丝绳电动葫芦（见图 1 – 45）

（1）用途。用于设备、物料等重物的提升。既可以单独安装在工字钢上，也可以配套安装在电动或手动单梁、双梁、悬臂、龙门等起重机上使用。

（2）注意事项。与手拉葫芦的注意事项相似。

五、卸销工具

1. 拔销器（见图 1 – 46、图 1 – 47）

拔销器市场上有销售，但大多数是企业按需自制，使用时首先把拔销器的双头螺栓 3 旋入销钉 5 螺纹孔内；深度足够时，双手握紧冲击手柄到最低位置，向上用力冲撞冲击杆台肩，反复多次冲击即可取出销钉，起销效率高。但是，当销钉生锈或配合较紧时，拔销器就难以拔出销钉。

2. 起销器（见图 1 – 48）

当拔销器拔不出销钉时需用起销器。使用时首先测量销钉内螺纹尺寸；找出与之配合的内六角螺栓（或六角头螺栓）1 及垫圈 2，长度适中；调整螺杆 3 与螺母 4 的配合长度；把螺栓穿入垫圈、螺杆、螺母内，然后用手拧入销钉 6 螺纹孔内 6～8mm，此时螺栓开始受力，用扳手施力即可慢慢拔出销钉。在拔出销钉过程中应不断调整螺杆与螺母的配合高度，防止螺栓顶底后破坏销钉螺纹孔。

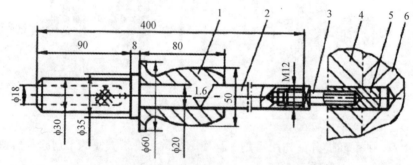

1—冲击手柄；2—冲击杆；3—双头螺栓；4—工件；5—带螺孔销钉；6—工件

图 1 – 47　拔销器结构

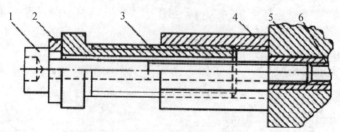

1—内六角螺栓（或六角头螺栓）；2—垫圈；3—六角头空心螺杆；4—加长六角螺母；5—工件；6—带螺纹孔销钉

图 1 – 48　起销器结构

六、其他模具常用工具

1. 撬杠

撬杠主要用于搬运、撬起笨重物体，而模具拆装常用的有通用撬杠和钩头撬杠。

（1）通用撬杠（见图1－49）。在模具维修或保养时，对于较大或难以分开的模具用撬杠在四周均匀用力平行撬开，严禁用蛮力倾斜开模，造成模具精度降低或损坏，同时要保证模具零件表面不被撬坏。

（2）钩头撬杠（见图1－50）。用于模具开模，尤其适用于冲压模具的开模，通常一边一个成对使用，均匀用力。当开模空间狭小时，钩头撬杠无法进入，此时应使用通用撬杠。

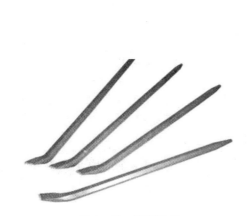

图1－49 通用撬杠

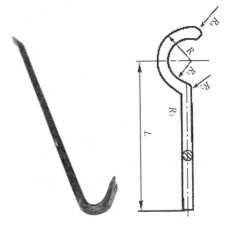

图1－50 钩头撬杠

2. 液压千斤顶

液压千斤顶又称油压千斤顶，如图1－51所示，是一种采用柱塞或液压缸作为刚性顶举件的千斤顶。具有起升重物的作用。

（1）使用方法。

1）使用前必须检查各部件是否正常。

2）使用时应严格遵守主要参数中的规定，切忌超高超载。当起重高度或起重吨位超过规定时，电动液压千斤顶顶部会发生严重漏油。

3）电动泵请参照电动泵使用说明书。

4）重物重心要选择适中，合理选择着力点，底面要垫平，同时要考虑到地面软硬条件，是否要衬垫坚韧的木材，放置是否平稳，以免负重下陷或倾斜。

图1－51 液压千斤顶

5）电动液压千斤顶将重物顶升后，应及时用支撑物将重物支撑牢固，禁止将超高压大吨位电动千斤顶作为支撑物使用。

6）如需几只电动液压千斤顶同时起重时，除应正确安放大吨位电动千斤顶外，应使用多个分流阀，且每台大吨位电动千斤顶的负荷应均衡，注意保持起升速度同步。还必须考虑因重量不匀地面可能下陷的情况，防止被举重物产生倾斜而发生危险。

7）使用时先将手动泵的快速接头与顶对接，然后选好位置，将油泵上的放油螺钉旋紧，即可工作。欲使活塞杆下降，将手动油泵手轮按逆时针方向微微旋松，油缸卸荷，活塞杆即逐渐下降。否则下降速度过快将产生危险。

8）在电动千斤顶系油压回缩，起重完后，即可快速取出，但不可用连接的软管来拉动超高压大吨位电动千斤顶。

9）用户使用时千万不要超过额定行程，以免损坏电动液压千斤顶。

10）使用过程中应避免千斤顶剧烈振动。

11）不适宜在有酸、碱、腐蚀性气体的工作场所使用。

12）用户要根据使用情况定期检查和保养。

（2）注意事项。

1）液压千斤顶使用时底部要垫平整、坚韧、无油污的木板以扩大承压面，保证安全。不能用铁板代替木板，以防滑动。

2）起升时要求平稳，重物稍起后要检查有无异常情况，如无异常情况才能继续升顶。不得任意加长手柄或过猛操作。

3）不超载、超高。当套筒出现红线时，表明已达到额定高度应停止顶升。

4）数台液压千斤顶同时作业时，要有专人指挥，使起升或下降同步进行。相邻两台液压千斤顶之间要支撑木块，保证间隔以防滑动。

5）使用液压千斤顶时要时刻注意密封部分与管接头部分，必须保证其安全可靠。

6）液压千斤顶不适用于有酸、碱或腐蚀性气体的场所。

 任务试题

1. 简述模具钳工工具有哪些。

2. 简述常用量具有哪些。

3. 简述流道系统相关工具有哪些。

4. 简述吊装工具及配件有哪些。

5. 卸销工具有哪些？

6. 撬杠的作用是什么？

7. 简述液压千斤顶使用的注意事项。

任务三　模具模型拆装实训

任务目标

（1）了解模具的结构和工作原理。
（2）掌握模具拆装。
（3）巩固模具设计知识。

基本概念

模具结构认知是学习模具设计与制造必须要先解决的问题。模具结构认知包括模具内部结构认知、模具机构的运动原理认知、成型工艺认知、模具与周边辅助设备之间的协调与配合关系认知。

进行模具拆装实训是本课程的一个重要环节，对于快速了解模具结构等有很大帮助。模具拆装实训一般在专用实训室进行，模具拆装具有交互性好、真实感强的教学特点，是任何教学演示手段（如动画）无法替代的。只有亲自动手，而不是被动地观看，才能达到正确理解、深刻记忆的教学效果，为后面的学习打下坚实的基础。

模具拆装不仅是模具教学中一种有效的学习手段，更是模具制造岗位必须掌握的工作技能。一方面，模具本身是组合装备，模具零件加工后必须经过装配才能使用；另一方面，模具在使用过程中的维修和维护也需要通过拆装才能实现。所以，模具拆装与成型是模具专业学习过程中重要的教学环节，对模具专业课程的教学效果有关键的影响，是模具专业建设的重点课程。

一、拆装实训的注意事项

（1）要安排足够的课时，让学生有足够的时间动手操作。

（2）拆装预演。在正式拆装之前先了解所要拆装的模具的结构、拆装步骤和拆装要点。

（3）完成实训报告。每次实训结束，学生需对本次的实训进行总结，有总结才有进步。

（4）安全第一。实物拆装存在着一定的安全风险，所以教师采取一定的安全措施是有必要的，如进行充分的拆装预演、安全教育等，并准备必要的防护用具和治疗用品（如手套、创可贴等）。

二、模具装配

将完成全部加工、经检验符合图纸和有关技术要求的模具标准件、标准模架、成型件、结构件，按总装配图的技术要求和装配工艺顺序逐步进行配合、修整、安装和定位，经检验合格后，加以连接和紧固，使之成为整套模具的过程称为模具装配。

1. 装配前的准备工作

装配是模具制造的重要阶段。装配质量的好坏，对模具的性能和使用寿命影响很大。装配不良的机器，其性能降低，消耗的功率增加，使用寿命缩短。因此，装配前必须认真做好以下几项准备工作：

（1）研究和熟悉模具图，了解模具的结构以及零件的作用和相互之间的连接关系，掌握其技术要求。

（2）确定装配方法、程序和所需工具。

（3）备齐零件，并进行清洗，涂防护润滑油。

2. 装配工作的要求

（1）装配时，应检查零件与装配的有关形状和尺寸精度是否合格，检查有无变形、损坏等，并注意零件上的各种标记，防止错装。

（2）固定连接的零部件，不允许有间隙。活动的零件，能在正常的间隙下，灵活、均匀地按规定方向运动，不应有跳动。

（3）各运动部件（或零件）的接触表面必须保证有足够的润滑。

（4）各种管道和密封部位，装配后不得有渗漏现象。

（5）试模前，应检查各部件连接的可靠性和运动的灵活性。

3. 装配程序

装配工作必须按一定的程序进行。装配程序一般应遵循如下原则：

（1）先装下部零件，后装上部零件。

（2）先装内部零件，后装外部零件。

（3）先装笨重零件，后装轻巧零件。

（4）先装精度要求较高的零件，后装一般性零件。

正确的装配程序是保证装配质量和提高装配工作效率的必要条件。装配时，应遵守操作要领，即不得强行用力和猛力敲打；必须在了解结构原理和装配顺序的前提下，按正确的位置和选用适当的工具、设备进行装配。

三、模具拆卸

模具的拆卸过程是模具装配的逆过程，就是把零件从装配好的模具上拆卸下来。在制造过程中，拆卸主要是在模具装配的配模时和对模具进行维修、维护或更换某些零件时。

1. 配模时对模具零件的拆卸

在配模时一般需要多次的安装与拆卸才能达到理想的装配状态。

2. 管理疏忽而造成的安装过程出错

如动模都已安装好时却发现某个零件还未安装，这时就需要将安装好的零件拆卸掉直到能安装前面漏装的零件为止。

3. 设计错误、加工不当和未按使用说明书操作、维护

以下列出一些由于设计错误、加工不当和未按使用说明书操作、维护等造成的一些对模具的损害，从而需要通过拆卸来修理相关零件。

（1）浇口堵塞。如使用含有异物或回料过多的塑料原料极易造成浇口堵塞。

（2）排气槽堵塞。如由于镶块间隙太大，塑件飞边进入间隙将间隙堵塞从而造成无法排气。

（3）水路、油路、气路有泄漏。如密封圈安装不当，堵头安装时密封带不足等。

（4）顶出系统零部件卡死或插伤。如设计不当、顶杆孔加工精度不好、供应商顶杆质量差、安装精度不好、导向零件精度不高等。

（5）导向定位系统磨损过度。如由于手受力不均匀出现位置偏差造成单侧过度磨损、加工精度未达到要求，导致两侧温度相差过大造成膨胀量不一致等。

（6）斜导柱断裂。如设计时斜导柱强度不足、导向系统卡死、滑块限位失效等。

（7）弹簧失效。如设计时考虑的寿命不足、使用过程中维护不当等。

（8）小镶件、镶针等出现弯曲变形或断裂。如成型压力很高，小镶件、镶块常有对插面，设计强度不足等。

（9）零件的锈蚀与磨损。如模具工作环境潮湿、摩擦面未润滑、零件加工表面过于粗糙等。

由于影响因素太多，这里不再详细说明，以上所述为实际中经常出现的问题。除此之外较为常见的问题还有：型芯插穿面出现伤痕、磨损、烧损、凹陷，镜面抛光部位出现伤痕、腐蚀，电镀层脱落，浇口的磨损、变形，模框的翘曲、变形等，都会影响模具的拆卸。

技能训练

实训 1　单工序冲裁模拆装

一、实训目的

（1）了解单工序冲裁模的结构、组成及各部分的作用。
（2）掌握正确拆装冲压模具的方法。
（3）提高动手能力。
（4）培养团队协作能力。

二、实训设备及工具

单工序冲裁模、手锤、铜棒、内六角扳手一套、起子。

三、方法及步骤

本实训要求完成拆装一副单工序冲裁模，模具总装如图 1 - 52 所示。
实训步骤如下：
1. 模具拆卸
（1）翻转模具，将模具平面平稳地放在工作台面上。

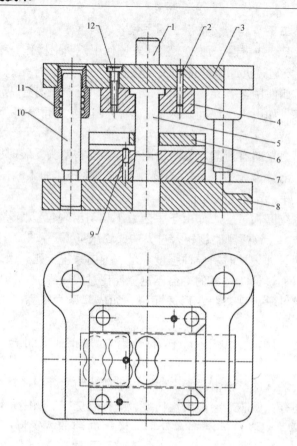

图 1 – 52 单工序冲裁模装配

表 1 – 1 单工序冲裁模零件明细

零件号	名称	数量	零件号	名称	数量
1	模柄	1	7	凹模	1
2	定位销	2	8	下模座	1
3	上模座	1	9	定位销	2
4	凸模固定板	1	10	导柱	2
5	凸模	1	11	导套	2
6	固定卸料板	1	12	内六角螺丝	4

（2）分离上下模，用铜棒（橡胶手锤）在模具分离方向受力均匀地敲击圆柱销附近的模板，保证上下模平行开模，避免斜拉损坏圆柱销及其他模具零件。

（3）拆卸上下模时，先将其上的紧固螺钉及定位销钉拆卸下来，再拆卸凸凹模，受力要均匀，禁止在歪斜情况下强行拆卸，以保证模板完好不变形。

（4）拆卸注意事项：

1）拆下的模具零件一定要放稳，防止滑落、倾倒而砸伤人。

2）对易混淆的零件要做好标记，以免安装时搞错方向。

3）拆下的螺栓、销钉、弹簧等分类摆放整齐，以免丢失。

2. 模具装配

装配前需用柴油清洗各零件，特别是螺纹孔、销钉孔要用抹布擦拭干净。

（1）上模的安装步骤。

1）观察模具零件结构及模具图纸。

2）正确放置凸模的位置和方向，并将凸模固定到凸模固定板上。

3）将凸模固定板与上模座合拢，安装导套、模柄等。

4）安装定位销，用内六角螺丝紧固。

（2）下模的安装步骤。

1）观察模具零件结构及模具图纸。

2）正确放置凹模的位置和方向，安装限位销钉。

3）将凹模与固定卸料板、下模座合拢到位。

4）用定位销定位，内六角螺丝紧固。

5）安装导柱。

（3）上、下模合模。

1）对准导柱导套的位置，平行合模，上下模合模时禁止在歪斜情况下强行合模。

2）检查工作场所周围有无零件掉落。

注意：在装配过程中，遇到配合较紧的零件安装困难时，可以用铜棒或手锤轻轻敲打，但是禁止在歪斜情况下强行打入，禁止用力过猛。

四、实训总结

本次实训的核心是安全操作，注意个人和设备的安全；重点是单工序冲裁模的拆卸和装配顺序；难点是拆卸和装配过程中要注意平行开模、合模，禁止在倾斜的情况下猛力拆、装模具零件。

实训 2 冲孔落料复合模拆装

一、实训目的

（1）了解冲孔落料复合模的结构、组成及各部分的作用。

（2）掌握正确拆装冲压模具的方法。

（3）提高动手能力。

（4）培养团队协作能力。

二、实训设备及工具

冲孔落料复合模、手锤、铜棒、内六角扳手一套、起子。

三、方法及步骤

本实训要求完成拆装一副冲孔落料复合模。模具总装如图 1 - 53 所示。

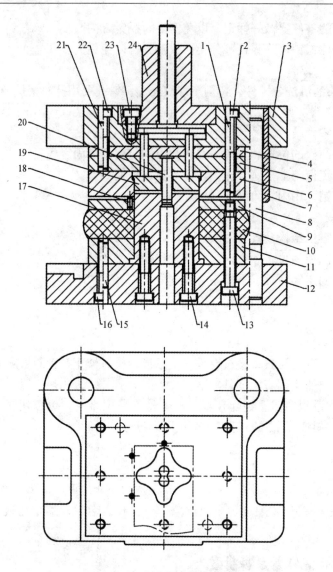

图 1-53 冲孔落料复合模装配

表 1-2 冲孔落料复合模零件明细

零件号	名称	数量	零件号	名称	数量
1	定位销	2	13	内六角螺丝	4
2	内六角螺丝	4	14	内六角螺丝	4
3	上模座	1	15	定位销	2
4	垫板	1	16	内六角螺丝	4
5	凸模固定板	1	17	凸凹模	1
6	凹模	1	18	导料销	3
7	导套	2	19	推件块	1
8	导柱	2	20	凸模	1
9	卸料板	1	21	定位销	2
10	橡胶	1	22	内六角螺丝	4
11	凸凹模固定板	1	23	内六角螺丝	4
12	下模座	1	24	模柄	1

实训步骤如下：

1. 模具拆卸

（1）翻转模具，将模具平面平稳地放在工作台面上。

（2）分离上下模，用铜棒（橡胶手锤）在模具分离方向受力均匀地敲击圆柱销附近的模板，保证上下模平行开模，避免斜拉损坏圆柱销及其他模具零件。

（3）上下模拆卸时，先将其上的紧固螺钉及定位销钉拆卸下来，再拆卸凸凹模，受力要均匀，禁止在歪斜情况下强行拆卸，以保证模板完好不变形。

（4）拆卸注意事项：

1）拆下的模具零件一定要放稳，防止滑落、倾倒而砸伤人。

2）对易混淆的零件做好标记，以免安装时搞错方向。

3）拆下的螺栓、销钉、弹簧等分类摆放整齐，以免丢失。

2. 模具装配

装配前需用柴油清洗各零件，特别是螺纹孔、销钉孔要用抹布擦拭干净。

（1）上模的安装步骤。

1）观察模具零件结构及模具图纸。

2）正确放置凸模、凹模及推件块的位置和方向，并将凸模固定到凸模固定板上。

3）将凸模、凸模固定板与推件块、凹模、垫板、上模座按照拆卸时的反序合拢好。

4）安装导套、模柄等。

5）最后安装定位销，用内六角螺丝紧固。

（2）下模的安装步骤。

1）观察模具零件结构及模具图纸。

2）正确放置凸凹模的位置和方向。

3）将限位销钉安装到卸料板上。

4）将凸凹模、卸料板、橡胶、凸凹模固定板、下模座均合拢到位。

5）用定位销定位，内六角螺丝紧固。

6）安装导柱。

（3）上、下模合模。

1）对准导柱导套的位置，平行合模，上下模合模时禁止在歪斜情况下强行合模。

2）检查工作场所周围有无零件掉落。

注意：在装配过程中，遇到配合较紧的零件安装困难时，可以用铜棒或手锤轻轻敲打，但是禁止在歪斜情况下强行打入，禁止用力过猛。

四、实训总结

本次实训的核心是安全操作，注意个人和设备的安全；重点是冲孔落料复合膜的拆卸和装配顺序；难点是拆卸和装配过程中要注意平行开模、合模，禁止在倾斜的情况下猛力拆、装模具零件。

实训 3 级进模拆装

一、实训目的

（1）了解级进模的结构、组成及各部分的作用。

（2）掌握正确拆装冲压模具的方法。

（3）提高动手能力。

（4）培养团队协作能力。

二、实训设备及工具

级进模、手锤、铜棒、内六角扳手一套、起子。

三、方法及步骤

本实训要求完成拆装一副级进模，模具总装如图1－54所示。

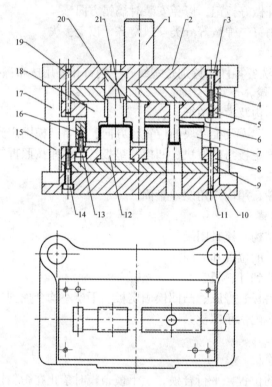

图1－54　级进模装配

表1－3　级进模零件明细

零件号	名称	数量	零件号	名称	数量
1	模柄	1	12	弯曲凸模	1
2	上模座	1	13	内六角螺丝	4
3	内六角螺丝	4	14	内六角螺丝	4
4	垫板1	1	15	导柱	2
5	固定板1	1	16	限位挡板	1
6	凸模	1	17	导套	2
7	凸凹模	1	18	弯曲凹模	1
8	固定板2	1	19	定位销	2
9	垫板2	1	20	弹簧	1
10	下模座	1	21	压块	1
11	定位销	2			

实训步骤如下：

1. 模具拆卸

（1）翻转模具，将模具平面平稳地放在工作台面上。

（2）分离上下模，用铜棒（橡胶手锤）在模具分离方向受力均匀地敲击圆柱销附近的模板，保证上下模平行开模，避免斜拉损坏圆柱销及其他模具零件。

（3）拆卸上下模时，先将其上的紧固螺钉及定位销钉拆卸下来，再拆卸凸凹模，受力要均匀，禁止在歪斜情况下强行拆卸，以保证模板完好不变形。

（4）拆卸注意事项：

1）拆下的模具零件一定要放稳，防止滑落、倾倒而砸伤人。

2）对易混淆的零件做好标记，以免安装时搞错方向。

3）拆下的螺栓、销钉、弹簧等分类摆放整齐，以免丢失。

2. 模具装配

装配前需用柴油清洗各零件，特别是螺纹孔、销钉孔要用抹布擦拭干净。

（1）上模的安装步骤。

1）观察模具零件结构及模具图纸。

2）正确放置凸模、弯曲凹模的位置和方向。

3）将凸模、弯曲凹模固定到固定板 1 上。

4）将固定板 1 与垫板 1 合拢。

5）安装压块和弹簧，再将上模座与垫板 1 合拢。

6）最后安装定位销，用内六角螺丝紧固。

（2）下模的安装步骤。

1）观察模具零件结构及模具图纸。

2）正确放置弯曲凸模与凸凹模的位置和方向。

3）将弯曲凸模与凸凹模安装到固定板 2 上。

4）安装限位挡板，用内六角螺丝锁紧。

5）将固定板 2、垫板 2 与下模座合拢到位。

6）用定位销定位，内六角螺丝紧固。

7）安装导柱。

（3）上、下模合模。

1）对准导柱导套的位置，平行合模，上下模合模时禁止在歪斜情况下强行合模。

2）检查工作场所周围有无零件掉落。

在装配过程中，遇到配合较紧的零件安装困难时，可以用铜棒或手锤轻轻敲打，但是禁止在歪斜情况下强行打入，禁止用力过猛。

四、实训总结

本次实训的核心是安全操作，注意个人和设备的安全；重点是级进模的拆卸和装配顺序；难点是拆卸和装配过程中要注意平行开模、合模，禁止在倾斜的情况下猛力拆、装模具零件。

实训 4　V形弯曲模拆装

一、实训目的

（1）了解 V 形弯曲模的结构、组成及各部分的作用。

（2）掌握正确拆装冲压模具的方法。

（3）提高动手能力。

（4）培养团队协作能力。

二、实训设备及工具

V 形弯曲模、手锤、铜棒、内六角扳手一套、起子。

三、方法及步骤

本实训要求完成拆装一副 V 形弯曲模，模具总装如图 1－55 所示。

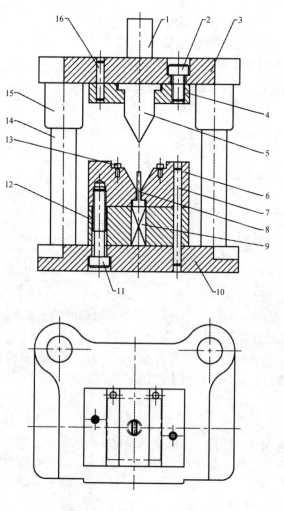

图 1－55　V 形弯曲模装配

表 1-4 V 形弯曲模零件明细

零件号	名称	数量	零件号	名称	数量
1	模柄	1	9	弹簧	1
2	内六角螺丝	4	10	下模座	1
3	上模座	1	11	内六角螺丝	4
4	凸模固定板	1	12	垫板	1
5	凸模	1	13	限位销钉	2
6	凹模	1	14	导柱	2
7	定位销	2	15	导套	2
8	顶杆	1	16	定位销	2

实训步骤如下：

1. 模具拆卸

（1）翻转模具，将模具平面平稳地放在工作台面上。

（2）分离上下模，用铜棒（橡胶手锤）在模具分离方向受力均匀地敲击圆柱销附近的模板，保证上下模平行开模，避免斜拉损坏圆柱销及其他模具零件。

（3）拆卸上下模时，先将其上的紧固螺钉及定位销钉拆卸下来，再拆卸凸凹模，受力要均匀，禁止在歪斜情况下强行拆卸，以保证模板完好不变形。

（4）拆卸注意事项：

1）拆下的模具零件一定要放稳，防止滑落、倾倒而砸伤人。

2）对易混淆的零件做好标记，以免安装时搞错方向。

3）拆下的螺栓、销钉、弹簧等分类摆放整齐，以免丢失。

2. 模具装配：

装配前需用柴油清洗各零件，特别是螺纹孔、销钉孔要用抹布擦拭干净。

（1）上模的安装步骤。

1）观察模具零件结构及模具图纸。

2）正确放置凸模的位置和方向。

3）将凸模固定到固定板上。

4）将导套安装到上模座。

5）将凸模固定板和上模座合拢。

6）最后安装定位销，用内六角螺丝紧固。

（2）下模的安装步骤。

1）观察模具零件结构及模具图纸。

2）正确放置凹模的位置和方向。

3）安装限位销钉。

4）将凹模和垫板合拢到位。

5）安装顶杆和弹簧。

6）将导柱安装到下模座上。

7）将下模座与垫板合拢到位。

8）安装定位销，用内六角螺丝紧固。

（3）上、下模合模。

1）对准导柱导套的位置，平行合模，上下模合模时禁止在歪斜情况下强行合模。

2）检查工作场所周围有无零件掉落。

在装配过程中，遇到配合较紧的零件安装困难时，可以用铜棒或手锤轻轻敲打，但是禁止在歪斜情况下强行打入，禁止用力过猛。

四、实训总结

本次实训的核心是安全操作，注意个人和设备的安全；重点是 V 形弯曲模的拆卸和装配顺序；难点是拆卸和装配过程中要注意平行开模、合模，禁止在倾斜的情况下猛力拆、装模具零件。

实训 5　拉深模拆装

一、实训目的

（1）了解拉深模的结构、组成及各部分的作用。

（2）掌握正确拆装冲压模具的方法。

（3）提高动手能力。

（4）培养团队协作能力。

二、实训设备及工具

拉深模、手锤、铜棒、内六角扳手一套、起子。

三、方法及步骤

本实训要求完成拆装一副拉深模，模具总装如图 1-56 所示。

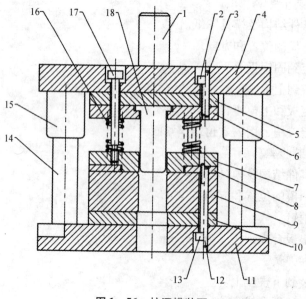

图 1-56　拉深模装配

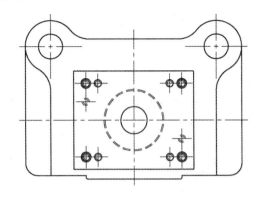

图 1-56　拉深模装配（续）

表 1-5　拉深模零件明细

零件号	名称	数量	零件号	名称	数量
1	模柄	1	10	垫板	1
2	内六角螺丝	4	11	下模座	1
3	定位销	2	12	定位销	2
4	上模座	1	13	内六角螺丝	4
5	垫板	1	14	导柱	2
6	凸模固定板	1	15	导套	2
7	压边圈	1	16	弹簧	4
8	定位板	1	17	卸料螺钉	4
9	凹模	1	18	凸模	1

实训步骤如下：

1. 模具拆卸

（1）翻转模具，将模具平面平稳地放在工作台面上。

（2）分离上下模，用铜棒（橡胶手锤）在模具分离方向受力均匀地敲击圆柱销附近的模板，保证上下模平行开模，避免斜拉损坏圆柱销及其他模具零件。

（3）上下模拆卸时，先将其上的紧固螺钉及定位销钉拆卸下来，再拆卸凸凹模，受力要均匀，禁止在歪斜情况下强行拆卸，以保证模板完好不变形。

（4）拆卸注意事项：

1）拆下的模具零件一定要放稳，防止滑落、倾倒而砸伤人。

2）对易混淆的零件做好标记，以免安装时搞错方向。

3）拆下的螺栓、销钉、弹簧等分类摆放整齐，以免丢失。

2. 模具装配

装配前需用柴油清洗各零件，特别是螺纹孔、销钉孔要用抹布擦拭干净。

（1）上模的安装步骤。

1）观察模具零件结构及模具图纸。

2）正确放置凸模的位置和方向。

3）将凸模固定到固定板上。

4）将导套安装到上模座。

5）将凸模固定板、垫板和上模座合拢。

6）安装定位销，用内六角螺丝紧固。

（2）下模的安装步骤。

1）观察模具零件结构及模具图纸。

2）正确放置凹模的位置和方向。

3）将导柱安装到下模座上。

4）将凹模、定位板、垫板及下模座合拢到位。

5）安装定位销，用内六角螺丝紧固。

（3）上、下模合模。

1）将压边圈正确合拢到凹模上。

2）对准导柱导套的位置，平行合模，上下模合模时禁止在歪斜情况下强行合模。

3）安装弹簧和卸料螺钉。

4）检查工作场所周围有无零件掉落。

在装配过程中，遇到配合较紧的零件安装困难时，可以用铜棒或手锤轻轻敲打，但是禁止在歪斜情况下强行打入，禁止用力过猛。

四、实训总结

本次实训的核心是安全操作，注意个人和设备的安全；重点是拉深模的拆卸和装配顺序；难点是拆卸和装配过程中要注意平行开模、合模，禁止在倾斜的情况下猛力拆、装模具零件。

实训6 单分型面注塑模拆装

一、实训目的

（1）了解单分型面注塑模的结构、组成及各部分的作用。

（2）掌握正确拆装注塑模具的方法。

（3）提高动手能力。

（4）培养团队协作能力。

二、实训设备及工具

单分型面注塑模、手锤、铜棒、内六角扳手一套、起子。

三、方法及步骤

本实训要求完成拆装一副单分型面注塑模，模具总装如图1-57所示。

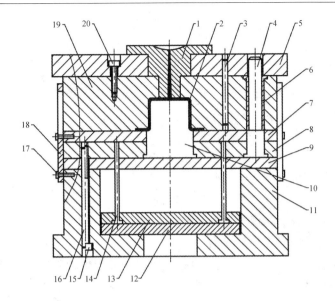

图 1 – 57 单分型面注塑模装配

表 1 – 6 单分型面注塑模零件明细

零件号	名称	数量	零件号	名称	数量
1	浇口套	1	11	动模座板	1
2	塑件	1	12	推杆垫板	1
3	定位销	2	13	推杆固定板	1
4	导柱	4	14	推杆	4
5	定模座板	1	15	内六角螺钉	4
6	导套	4	16	定位销	2
7	推板	1	17	定位销	2
8	动模板	1	18	限位板	1
9	型芯垫板	1	19	定模板	1
10	型芯	1	20	内六角螺钉	4

实训步骤如下：

1. 模具拆卸

（1）翻转模具，将模具平面平稳地放在工作台面上。

（2）分离动、定模，用铜棒（橡胶手锤）在模具分离方向受力均匀地敲击圆柱销附近的模板，保证上下模平行开模，避免斜拉损坏圆柱销及其他模具零件。

（3）上下模拆卸时，先将其上的紧固螺钉及定位销钉拆卸下来，再拆卸型芯、型腔镶块，受力要均匀，禁止在歪斜情况下强行拆卸，以保证模板完好不变形。

（4）拆卸注意事项：

1）拆下的模具零件一定要放稳，防止滑落、倾倒而砸伤人。

2）对易混淆的零件做好标记，以免安装时搞错方向。

3）拆下的螺栓、销钉、弹簧等分类摆放整齐，以免丢失。

2. 模具装配

装配前，先检查各类零件是否清洁，有无划伤等，如有划伤或毛刺（特别是成型零件），用石油平整。

（1）动模的安装步骤。

1）观察模具零件结构及模具图纸。

2）将型芯、导柱等装入动模板。

3）将推杆穿入推杆固定板、型芯垫板和动模板中。

4）推杆固定板与推杆垫板合拢到位。

5）将以上安装好的部分与动模座板合拢到位。

6）盖上推板，使其与动模板合拢到位。

7）安装定位销，用内六角螺丝紧固。

注意：①导柱装入动模板时，应注意拆卸时所做的记号，避免方位装错，以免导柱或定模上导套不能正常装入。②推杆在装配后，应动作灵活，尽量避免磨损。③推杆固定板与推板需有导向装置和复位支承。

（2）定模的安装步骤。

1）观察模具零件结构及模具图纸。

2）将导套安装到定模板中。

3）将定模板和定模座板合拢到位。

4）将浇口套装到定模座板上。

5）安装定位销，用内六角螺丝紧固。

（3）上、下模合模。

1）对准导柱导套的位置，平行合模，禁止在歪斜情况下强行合模。

2）安装限位板。

3）检查工作场所周围有无零件掉落。

注意：在装配过程中，遇到配合较紧的零件安装困难时，可以用铜棒或手锤轻轻敲打，但是禁止在歪斜情况下强行打入，禁止用力过猛。

四、实训总结

本次实训的核心是安全操作，注意个人和设备的安全；重点是单分型面注塑模的拆卸和装配顺序；难点是拆卸和装配过程中要注意平行开模、合模，禁止在倾斜的情况下猛力拆、装模具零件。

实训 7 带侧向分型抽芯的注塑模拆装

一、实训目的

（1）了解带侧向分型抽芯的注塑模的结构、组成及各部分的作用。

（2）掌握正确拆装注塑模具的方法。

（3）提高学生的动手能力。

（4）培养学生的团队协作能力。

二、实训设备及工具

带侧向分型抽芯的注塑模、手锤、铜棒、内六角扳手一套、起子。

三、方法及步骤

本实训要求完成拆装一副带侧向分型抽芯的注塑模，模具总装如图 1 – 58 所示。

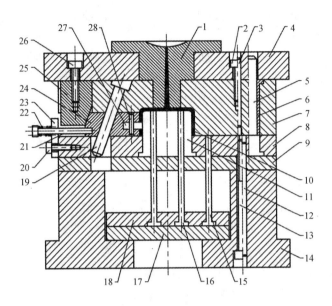

图 1 – 58 带侧向分型抽芯的注塑模装配

表 1 – 7 带侧向分型抽芯的注塑模零件明细

零件号	名称	数量	零件号	名称	数量
1	浇口套	1	15	复位杆	2
2	内六角螺钉	4	16	推杆	4
3	定位销	2	17	推杆垫板	1
4	定模座板	1	18	推杆固定板	1
5	导柱	4	19	斜导柱	1
6	导套	4	20	内六角螺钉	2
7	定模板	1	21	内六角螺钉	1
8	动模板	1	22	弹簧	1
9	垫板	1	23	挡板	1
10	塑件	1	24	斜滑块	1
11	型芯	1	25	压紧块	1
12	定位销	2	26	内六角螺钉	2
13	内六角螺钉	4	27	侧型芯	1
14	动模座板	1	28	定位销	1

实训步骤如下：

1. 模具拆卸

（1）翻转模具，将模具平面平稳地放在工作台面上。

（2）分离动、定模，用铜棒（橡胶手锤）在模具分离方向受力均匀地敲击圆柱销附近的模板，保证上下模平行开模，避免斜拉损坏圆柱销及其他模具零件。

（3）拆卸上下模时，先将其上的紧固螺钉及定位销钉拆卸下来，再拆卸型芯、型腔镶块，受力要均匀，禁止在歪斜的情况下强行拆卸，以保证模板完好不变形。

（4）拆卸注意事项：

1）拆下的模具零件一定要放稳，防止滑落、倾倒而砸伤人。

2）对易混淆的零件做好标记，以免安装时搞错方向。

3）拆下的螺栓、销钉、弹簧等分类摆放整齐，以免丢失。

2. 模具装配

装配前，先检查各类零件是否清洁、有无划伤等，如有划伤或毛刺（特别是成型零件），用石油平整。

（1）动模的安装步骤。

1）观察模具零件结构及模具图纸。

2）将型芯、导柱等装入动模板。

3）将侧型芯安装到斜滑块中。

4）将挡板和斜滑块安装到动模板上，装上弹簧。

5）将推杆和复位杆穿入推杆固定板、型芯垫板和动模板中。

6）推杆固定板与推杆垫板合拢到位。

7）将以上安装好的部分与动模座板合拢到位。

8）安装定位销，用内六角螺丝紧固。

注意：①导柱装入动模板时，应注意拆卸时所做的记号，避免方位装错，以免导柱或定模上导套不能正常装入。②推杆、复位杆在装配后，应动作灵活，尽量避免磨损。③推杆固定板与推板需有导向装置和复位支承。

（2）定模的安装步骤。

1）观察模具零件结构及模具图纸。

2）将导套和斜导柱安装到定模板中。

3）将压紧块安装到定模座板。

4）将定模座板与定模板合拢到位。

5）将浇口套装到定模座板上。

6）安装定位销，用内六角螺丝紧固。

（3）上、下模合模。

1）对准斜导柱与斜滑块的位置，以及导柱导套的位置，平行合模，上下模合模时禁止在歪斜情况下强行合模。

2）检查工作场所周围有无零件掉落。

注意：在装配过程中，遇到配合较紧的零件安装困难时，可以用铜棒或手锤轻轻敲打，但是禁止在歪斜情况下强行打入，禁止用力过猛。

四、实训总结

本次实训的核心是安全操作，注意个人和设备的安全；重点是带侧向分型抽芯的注塑模的拆卸和装配顺序；难点是拆卸和装配过程中要注意平行开模、合模，禁止在倾斜的情况下猛力拆、装模具零件。

实训8 双分型面注塑模拆装

一、实训目的

（1）了解双分型面注塑模的结构、组成及各部分的作用。

（2）掌握正确拆装注塑模具的方法。

（3）提高动手能力。

（4）培养团队协作能力。

二、实训设备及工具

双分型面注塑模、手锤、铜棒、内六角扳手一套、起子。

三、方法及步骤

本实训要求完成拆装一副双分型面注塑模，模具总装如图 1-59 所示。

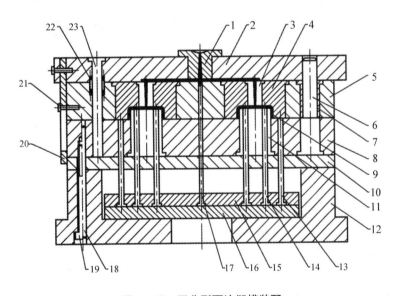

图 1-59 双分型面注塑模装配

实训步骤如下：

1. 模具拆卸

（1）翻转模具，将模具平面平稳地放在工作台面上。

（2）分离动、定模，用铜棒（橡胶手锤）在模具分离方向受力均匀地敲击圆柱销附近的模板，保证上下模平行开模，避免因斜拉而损坏圆柱销及其他模具零件。

表1-8 双分型面注塑模零件明细

零件号	名称	数量	零件号	名称	数量
1	主流道浇口套	1	13	复位杆	4
2	定模座板	1	14	推杆	16
3	分流道浇口套	4	15	推杆固定板	1
4	型腔	4	16	推杆垫板	1
5	定模板	1	17	拉料杆	1
6	导柱	4	18	定位销	2
7	导套	4	19	内六角螺钉	4
8	动模板	1	20	限位板	1
9	塑件	4	21	定位销	2
10	垫板	1	22	弹簧	1
11	型芯	4	23	拉杆	1
12	动模座板	1			

（3）拆卸上下模时，先将其上的紧固螺钉及定位销钉拆卸下来，再拆卸型芯、型腔镶块，受力要均匀，禁止在歪斜情况下强行拆卸，以保证模板完好不变形。

（4）拆卸时的注意事项：

1）拆下的模具零件一定要放稳，防止滑落、倾倒而砸伤人。

2）对易混淆的零件做好标记，以免安装时搞错方向。

3）拆下的螺栓、销钉、弹簧等分类摆放整齐，以免丢失。

2. 模具装配

装配前，先检查各类零件是否清洁，有无划伤等，如有划伤或毛刺（特别是成型零件），用石油平整。

（1）动模的安装步骤。

1）观察模具零件结构及模具图纸。

2）将型芯、导柱等装入动模板。

3）将推杆、复位杆和拉料杆穿入推杆固定板、型芯垫板和动模板中。

4）推杆固定板与推杆垫板合拢到位。

5）将以上安装好的部分与动模座板合拢到位。

6）安装定位销，用内六角螺丝紧固。

注意：①将导柱装入动模板时，应注意拆卸时所做的记号，避免方位装错，而导致导柱或定模上导套不能正常装入。②推杆、复位杆在装配后，应动作灵活，尽量避免磨损。③推杆固定板与推杆垫板间需有导向装置和复位支承。

（2）定模的安装步骤。

1）观察模具零件结构及模具图纸。

2）将导套和型腔安装到定模板中。

3）安装分流道浇口套。

4）将拉杆安装到定模座板上。

5）将弹簧套到拉杆上，再将定模座板与定模板合拢到位。

6）将浇口套装到定模座板上。

7）安装定位销，用内六角螺丝紧固。

（3）上、下模合模。

1）对准斜导柱与斜滑块的位置，以及导柱导套的位置，平行合模，禁止在歪斜情况下强行合模。

2）安装限位板。

3）检查工作场所周围有无零件掉落。

注意：在装配过程中，遇到配合较紧的零件安装困难时，可以用铜棒或手锤轻轻敲打，但是禁止在歪斜情况下强行打入，禁止用力过猛。

四、实训总结

本次实训的核心是安全操作，注意个人和设备的安全；重点是双分型面注塑模的拆卸和装配顺序；难点是拆卸和装配过程中要注意平行开模、合模，禁止在倾斜的情况下猛力拆、装模具零件。

实训 9　连续板复合模拆装

一、实训目的

（1）了解连续板复合模的结构、组成及各部分的作用。
（2）了解复合模凸、凹模的一般固定方式。
（3）掌握正确拆装冲压模具的方法。
（4）提高动手能力。
（5）培养团队协作能力。

二、实训设备及工具

连续板复合模、手锤、铜棒、内六角扳手一套、起子。

三、方法及步骤

本实训要求完成拆装一副连续板复合模。模具总装如图 1 - 60 所示。

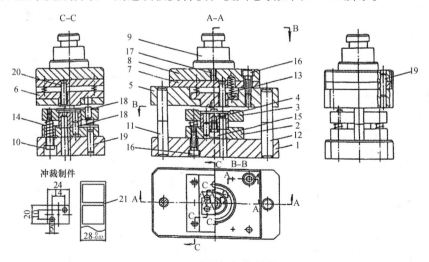

图 1 - 60　连续板复合模装配

表 1-9　连续板复合模零件明细

零件号	名称	规格尺寸（mm）	材料	数量	零件号	名称	规格尺寸（mm）	材料	数量
1	底板	$16 \times 60 \times 110$	Q235A	1	12	圆柱销	$\phi10 \times 60$		1
2	凸凹模	$10 \times 50 \times 50$	45	1	13	压力弹簧	$1 \times 5 \times 17$	65Mn	1
3	退料板	$10 \times 50 \times 50$	Q235A	1	14	压力弹簧	$1 \times 8 \times 19$	65Mn	4
4	凸凹模	$14.2 \times 20.2 \times 24.2$	45	1	15	内六角螺钉	$M5 \times 8$		1
5	冲裁凹模	$16 \times 60 \times 110$	45	1	16	内六角螺钉	$M5 \times 16$		4
6	顶料器	$12 \times 40 \times 60$	Q235A	1	17	内六角螺钉	$M5 \times 30$		1
7	凸模固定板	$6 \times 60 \times 78$	Q235A	1	18	圆柱销	$\phi5 \times 12$		3
8	顶板	$10 \times 60 \times 78$	Q235A	1	19	圆柱销	$\phi5 \times 20$		4
9	模柄	$\phi35 \times 32$	Q235A	1	20	凸模	$\phi5 \times 35$		2
10	定位螺钉	$\phi10 \times 50$	45	4	21	冲裁制件	28×200	纸	1
11	圆柱销	$\phi8 \times 60$		1					

实验步骤如下：

1. 模具拆卸

（1）翻转模具，将模具平面平稳地放在工作台面上。

（2）分离上下模，用铜棒（橡胶手锤）在模具分离方向受力均匀地敲击圆柱销附近的模板，保证上下模平行开模，避免因斜拉而损坏圆柱销及其他模具零件。

（3）拆卸上下模时，先将其上的紧固螺钉及定位销钉拆卸下来，再拆卸凸凹模，受力要均匀，禁止在歪斜情况下强行拆卸，以保证模板完好不变形。

（4）拆卸注意事项：

1）拆下的模具零件一定要放稳，防止滑落、倾倒而砸伤人。

2）对易混淆的零件做好标记，以免安装时搞错方向。

3）拆下的螺栓、销钉、弹簧等分类摆放整齐，以免丢失。

2. 模具装配

装配前需用柴油清洗各零件，特别是螺纹孔、销钉孔要用抹布擦拭干净。

（1）上模的安装步骤。首先，观察模具零件结构，正确放置冲裁凹模的位置和方向；其次，把冲裁凹模和顶料器、凸模固定板、弹簧按照拆卸时所做的标记合拢，用对应的螺钉紧固；最后，装顶板、模柄、圆柱销，用内六角螺钉紧固。

（2）下模的安装步骤。仔细观察图纸，首先将两个凸凹模和退料板、压力弹簧正确合拢到位，装上圆柱销；其次用内六角螺钉紧固，与底板合拢，装上对应的圆柱销；最后用内六角螺钉紧固。

（3）上、下模合模。安装冲裁凹模和底板之间的圆柱销，上下模合模时禁止在歪斜情况下强行合模，最后再次检查工作场所周围有无零件掉落。

注意：在装配过程中，遇到配合较紧的零件安装困难时，可以用铜棒或手锤轻轻敲打，但是禁止在歪斜情况下强行打入，禁止用力过猛。

四、实训总结

本次实训的核心是安全操作，注意个人和设备的安全；重点是复合模的拆卸和装配顺序；难点是拆卸和装配过程中要注意平行开模、合模，禁止在倾斜的情况下猛力拆、装模具零件。

 任务试题

1. 简单脱模机构有几种？每种机构的特点及适用情况如何？

2. 推杆脱模机构由哪几部分组成？各部分的作用如何？

3. 回程杆起什么作用？在哪些情况下可以不设置回程杆？

4. 为何要采用二次脱模机构？

5. 模具中侧向分型抽芯机构的作用是什么？侧向分型抽芯机构有几大类？各类的主要优缺点是什么？

吹塑模具零件的设计与制造实例

任务一 塑料及注射机型号参数

任务目标

（1）了解塑料的基础知识。

（2）了解塑料成型设备及设备技术参数。

（3）掌握塑料成型的方法。

基本概念

一、塑料的成型

塑料是一种以树脂为主要成分，加入适量添加剂制成的高分子有机化合物。它在一定的温度和压力下具有可塑性，能够流动变形，被塑造成制品之后，在一定的使用环境下，能保持形状、尺寸不变，并满足一定的使用性能要求。

（1）塑料的分类。按树脂的分子结构及其特性分类，可分为热塑性塑料和热固性塑料。

1）热塑性塑料。是指在特定的温度范围内能反复加热和冷却硬化的塑料。

2）热固性塑料。是指在初次受热时变软，可以制成一定形状，但加热到一定时间或加入固化剂后就硬化定型，再加热则不软化也不熔解的塑料。

（2）塑料的特性。塑料的应用非常广泛，具有以下优点：①密度小。②比强度高。强度与重量之比称为比强度。③化学稳定性好。④绝缘性能好。⑤减摩、耐磨性能优良。⑥成型加工方便。

当然，塑料的特性也有缺点：①刚性差。②尺寸精度低。③易老化。④耐热性差。

（3）塑料的成型方法。塑料的成型方法有很多，常用的有注射成型、挤出成型、吹塑成型、压缩成型、压注成型等。以下介绍三种常用的成型方法：

1）注射成型。塑料在注射机加热料筒中塑化后，由柱塞或往复螺杆注射到闭合模具的模腔中形成制品的塑料加工方法。此法能加工外形复杂、尺寸精确或带嵌件的制品，生产效率高。所用设备为注射机。

2）挤出成型。利用挤出机的螺杆旋转加压，连续地将熔融状态的塑料从料筒中挤出，通过特定截面形状的机头口模成型，并借助于牵引装置将挤出的塑件均匀拉出，同时冷却定型，获得与截面形状一致的连续型材。所用设备为挤出机。

3）吹塑成型。这里主要指中空吹塑，是先通过挤出或注塑的成型方法生产出高弹状态的塑料型坯，再把塑料型坯放入吹塑模具内，然后向型坯内吹入压缩空气，使高弹塑料型胀开，并紧贴在模腔表壁，经冷却定型后，获得与模具型腔形状一致的中空制品。主要用于制造瓶类、桶类、箱类等中空塑料容器。所用设备为各种专用中空吹塑设备或吸塑设备。

（4）塑料成型的工艺特性。

1）流动性。塑料在一定的温度、压力作用下能够充满模具型腔的能力，称为塑料的流动性。流动性差就不容易充满型腔，易产生缺料或熔接痕等缺陷，因此需要较大的成型压力才能成型；相反，流动性好则可以用较小的成型压力充满型腔。但流动性太好，会使塑料在成型时产生严重的溢料，产生飞边。

影响塑料流动性的因素主要有塑料的分子结构与成分、温度、注射压力、模具结构等。

2）收缩性。塑件从温度较高的模具中取出冷却到室温后，其尺寸或体积会发生收缩变化，这种性质称为收缩性。收缩性的大小以单位长度塑件收缩量的百分数来表示，称为收缩率。

塑件成型收缩主要与塑料品种、塑件结构、模具结构、成型时的模具温度、压力、注射速度及冷却时间等因素有关。由于影响塑料收缩率变化的因素很多，而且相当复杂，所以收缩率在一定范围内是变化的。一般在模具设计时，根据塑料的平均收缩率，计算出模具型腔尺寸；而对于高精度的塑件，在进行模具设计时应留有修模余量，在试模后逐步修正模具，以达到塑件尺寸精度要求及改善成型条件。

3）结晶性。结晶性是指塑料从熔融状态到冷凝过程中，分子由无次序的自由运动状态而逐渐排列成为正规模型倾向的一种现象。热塑性塑料按其冷凝时是否出现结晶现象可分为结晶型塑料和非结晶型塑料两大类。塑件的结晶度大，则其密度大，硬度和强度高，力学性能好，耐磨性、耐化学腐蚀性及电性能提高；反之，则塑件柔软性、透明性好，伸长率提高，冲击强度增大。一般来说，不透明的或半透明的是结晶型塑料，透明的是非结晶型塑料。但也有例外，如离子聚合物属于结晶型塑料，却高度透明；ABS 为非结晶型塑料，却不透明。

4）硬化特性。硬化是指热固性塑料成型时完成交联反应的过程。硬化速度的快慢对成型工艺有很重要的影响。在塑化、充型过程中，希望硬化速度慢，以保持长时间的流动性；充满型腔后，希望硬化速度快，以提高生产率。

5）吸湿性。吸湿性是指塑料对水分的敏感程度。吸湿性塑料具有吸湿或黏附水分倾向，在成型过程中由于高温、高压的作用容易使水分变成气体或发生水降解，成型后塑件上会出现气泡、斑纹等缺陷。因此，在成型前必须对塑料进行干燥处理。

6）热敏性及水敏性。热敏性塑料是指某些塑料对热较为敏感，其成型过程中在不太高的温度下也会发生热分解、热降解，从而影响塑件的性能、色泽和表面质量。因此，在模具设计、选择注射机及成型时都应注意，如选用螺杆式注射机、浇注系统截面宜大、模具表面镀铬、严格控制注射参数等措施，必要时还可在塑料中添加热稳定剂。

有的塑料即使含有少量水分，但在高温、高压下也会发生分解，这种现象称为塑料的水敏性，对此必须预先加热干燥。

二、塑料成型设备

根据成型工艺的不同，塑料成型设备的类型很多，有注射机、挤出机、液压机、压延机等。生产中应用最广的是注射机和挤出机，下面重点介绍注射机和挤出机。

1. 注射机

注射机是将热塑性塑料或热固性塑料利用塑料成型模具制成各种形状的塑料制品的主要成型设备。按注射机的外形特征可分为卧式注射机、立式注射机、角式注射机和多模注射机等多种。其中卧式螺杆注射机应用最为广泛。

卧式注射机合模部分和注射部分处于同一水平中心线上，且模具是沿水平方向打开的。如图 2-1、图 2-2 所示。

图 2-1 卧式注射机

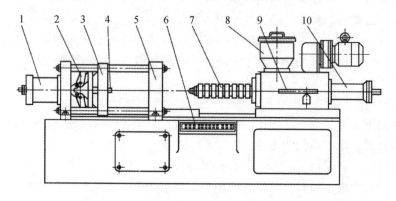

1—锁模液压缸；2—锁模机构；3—移动模板；4—顶杆；5—固定模板；

6—控制台；7—料筒及加热器；8—料斗；9—定量供料装置；10—注射液压缸

图 2-2 卧式注射机结构

卧式注塑机的特点：

（1）虽属大型机但由于机身低，对安置的厂房无高度限制。

（2）产品可自动落下的场合，不需使用机械手也可实现自动成型。

（3）由于机身低，供料方便，检修容易。

（4）模具需通过吊车安装。

（5）多台并列排列下，成型品容易由输送带收集包装。

2. 挤出机

塑料的挤出成型从原料到产品经历三个阶段：一是原料塑化，即通过挤出机的加热和混炼，使固态原料变成均匀的黏性流体；二是成型，即在挤出机挤压部件的作用下，使熔融物料以一定的压力和速度连续地通过成型机头；三是冷却定型，通过不同的冷却方法使熔融物料以获得的形状固定下来，成为所需的塑件。如有需要，还可以进行拉伸、涂覆等处理加工；然后作为半成品堆放或者作为成品卷曲、切割、包装。挤出机及其附属装置就是完成这一全过程的设备。

挤出机按其螺杆数量可以分为单螺杆挤出机、双螺杆挤出机和多螺杆挤出机。目前以单螺杆挤出机应用最为广泛，适宜于一般材料的挤出加工。双螺杆挤出机由于摩擦产生的热量较少、物料所受到的剪切比较均匀、螺杆的输送能力较大、挤出量比较稳定、物料在机筒内停留时间长，所以混合均匀。图 2 - 3 所示为新四合一成型机组实物，图 2 - 4 所示为管材挤出机头的结构。

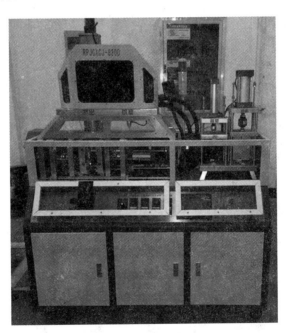

图 2 - 3　新四合一成型机组

三、注射机型号规格的表示方法

注射机产品型号表示方法各国不尽相同，国内也没有完全统一，国内注射机型号标准表示法主要有注射量表示法、合模力表示法、合模力与注射量表示法三种方法。

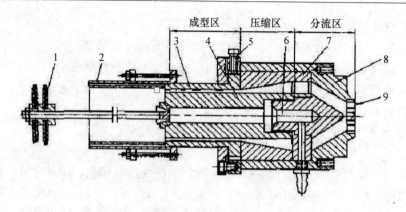

1—橡皮塞；2—定径套；3—口模；4—芯模；5—调节螺钉；
6—分流器；7—分流器支架；8—机头体；9—过滤板

图 2-4　管材挤出机头的结构

（1）注射量表示法。是用注射机的注射容量来表示注射机规格的方法，即注射机以标准螺杆（常用普通型螺杆）注射时的 80% 理论注射量表示。这种表示方法比较直观，规定了注射机成型塑件的体积范围。由于注射容量与加工塑料的性能、状态有着密切的关系，所以注射量表示法不能直接判断规格的大小。

我国标准采用的是注射量表示法。如 XS-ZY-125，其中 XS 表示塑料成型机械；Z 表示注射成型；Y 表示螺杆式（无 Y 表示柱塞式）；125 表示注射机的公称注射量为 $125cm^3$。

（2）合模力表示法。是用注射机最大合模力（kN）来表示注射机规格的方法。这种表示法直观、简单，注射机合模力不会受到其他取值的影响，可直接反映出注射机成型面积的大小。合模力表示法不能直接反映注射机注射量的大小，也就不能反映注射机全部加工能力及规格的大小。

（3）合模力与注射量表示法。目前国际上通用的表示方法，是用注射量为分子、合模力为分母表示设备的规格。如 XZ-63/50 型注射机，X 表示塑料机械，Z 表示注射机，63 表示注射容量为 $63cm^3$，50 表示合模力为 $50 \times 10kN$。

四、主要技术性能参数

表 2-1　部分国产注塑机型号及主要技术性能参数

型号	XS-Z-30	XS-Z60	SZA-YY60	XS-ZY125	XS-ZY125（A）	X&-ZY250	XS-ZY250（A）	XS-ZY350（G54-S200/400）
理论注射量（最大）（cm^3）	30	60	62	125	192	250	450	200~400
螺杆（柱塞）直径（mm）	-28	-38	35	42	42	50	50	55
注射压力（MPa）	119	122	138.5	119	150	130	130	109

型号	XS-Z-30	XS-Z60	SZA-YY60	XS-ZY125	XS-ZY125(A)	X&-ZY250	XS-ZY250(A)	XS-ZY350(G54-S200/400)
注射行程（mm）	130	170	80	115	160	160	160	160
注射时间（s）	0.7		0.85	1.6	1.8	2	1.7	
螺杆转速（r/min）			25~160	29、43、56、69、83、101	10~140	25、31、32、39、58、89	13~304	16、28、48
注射方式	柱塞式	柱塞式	螺杆式	螺杆式	螺杆式	螺杆式	螺杆式	螺杆式
锁模力（kN）	250	500	440	900	900	1800	1650	2540
最大成型面积（cm²）	90	130	160	320	360	500		645
移模行程（mm）	160	180	270	300	300	500	350	260
模具高度（最大）（mm）	180	200	250	300	300	350	400	406
（最小）（mm）	60	70	150	200	200	200	200	165
模版尺寸（mm）	250×280	330×440				598×520		532×634
拉杆间距（mm）	235	190×300	330×300	260×290	360×360	295×373	370×370	290×368
合模方式	肘杆	肘杆	液压	肘杆	肘杆	液压	肘杆	肘杆
油泵流量（L/min）	50	70、12	48	100J2		180J2	129、74、26	170J2
压力（MPa）	6.5	6.5	14	6.5			7.0、14.0	6.5
电动机功率（kW）	5.5	11	15	11		18.5	30	18.5
螺杆驱动功率（kW）			-40	4		5.5	9	5.5
螺杆扭矩（N·m）								
加热功率（kW）		2.7		5	6	9.83		10
外形尺寸（m）	2.34×0.80×1.46	3.61×0.85×1.55	3.30×0.83×1.6	3.34×0.75×1.55		4.70×1.00×1.82	5.00×1.30×1.90	4.70×1.40×1.80
电源电压（V）	380	380	380	380	380	380	380	380
电源频率（Hz）	50	50	50	50	50	50	50	50
机器质量（t）	0.9	2	3	3.5		4.5	6	7

 ## 任务试题

1. 什么是塑料?

2. 热塑性塑料受热后表现出哪三种常见的物理状态? 分别可以进行何种成型加工?

3. 注射成型的特点是什么？

4. 注射成型过程分为几个阶段？

5. 简述注射成型原理。

6. 熟悉 CZS50 全电动双螺杆注塑机的各参数。

表 2 - 2　CZS50 全电动双螺杆注塑机参数

注射量（PS）	g（oz）	14.5（0.5）	19.6（0.7）	25.6（0.9）	32.4（1.1）
射胶螺杆直径	mm	12	14	16	18
熔胶螺杆直径	mm	16			
射胶压力	mpa	263	235	200	180
射胶速度	mm/s	78			
射胶行程	mm	140			
锁模力	kN	80			
哥林柱间距	mm	237×187			
熔模量	mm	280~320			
开模行程	mm	120			
机器尺寸	mm	2000×1100×1450			
机器重量	t	0.4			

7. 熟悉 RPJCXCJ - 8300B 新四合一成型机组的各参数。

表 2 - 3　RPJCXCJ - 8300B 新四合一成型机组

名称	规格
工作台尺寸	1300mm×450mm
开模行程	70~250mm（吹塑）、100~200mm（吸塑）、60~145mm（冲裁）
模板尺寸	300mm×260mm、170mm×200mm
挂模规格	180mm×150mm、120mm×120mm、100mm×100mm
锁模压力	12.56~120kg 可调整
吹塑针行程	80mm
挤出机塑化能力	4.5kg/h
吸塑能力	2升/分
料筒加热段数及功率	3段200W
温度控制范围	0℃~399℃
挤出电机功率	200W
真空泵功率	200W
设备总功率	2500W
机器外形尺寸	1300mm×450mm×1500mm
机器重量	230kg
固定方式	移动式

任务二　塑料鱼模具结构分析

　任务目标

（1）了解吹塑成型的特点。

（2）掌握吹塑成型模具的结构特点。

基本概念

一、吹塑模具结构分析

中空吹塑成型用到的模具由两个半边模具组成，不同制品的吹塑模具的主要结构基本一致。根据合模机的不同，可将其中的一半作为定模，另一半作为动模，即一边模具是不动的，另一边模具是运动的。也可以两个半边模具都是动模，由各自动模板带动其运动。在实际生产中，两个半边模具都是动模的应用比较多，但少数厂家还是能看到一半定模和一半动模的吹塑模具。

吹塑模具的基本结构，主要由模具型腔、模具主体、切口部分、冷却系统、排气系统以及导向部分等组成。另外，在一些结构比较复杂的工业产品中（如汽车配件），其模具结构通常还需加入嵌件、抽芯、分段开合模、负压等比较特殊的结构形式。

吹塑模具结构的组装方式可分为以下几种类型：

1. 整体式结构

整体式结构模具的两个半边模具各自由一整块金属加工而成，可采用高强度的不锈钢或模具钢加工出型腔、切口、冷却水道，以及螺纹、排气孔、槽和导柱、导套等。采用整体式结构的模具精度高，几何尺寸误差小，经久耐用，适用于要求较高的吹塑制品。在实际生产中，已经有许多中小型工业吹塑制品和日用化学品以及药品等的包装瓶采用这种整体式模具成型。

2. 组合式结构

组合式结构吹塑模具的两个半边模具各自由几块金属加工过后组合而成。采用这种结构的模具需要分别加工出这几块模具零件，而后组装成一体，通常都具有一定的加工误差，后续需要人工进行打磨和修整。这种结构形式主要应用于中大型吹塑制品模具，以及对制品要求不高的模具加工。

3. 镶嵌式结构

镶嵌式结构吹塑模具的两个半边模具都是由一整块金属零件与几块较硬的金属零件镶嵌而成，镶嵌的方法有铸造镶嵌、压入镶嵌和螺旋连接镶嵌等方法。铸造镶嵌法主要是将镶嵌件放入指定位置后经铝合金铸造而成,再进行后续机械加工。压入镶嵌法主要是将机械加工过后的镶嵌件经压入后与模具结合在一起,再进行机械加工。螺旋连接镶嵌法是将加工到位后的模具零件全部进行螺旋连接成一整体。

4. 钢板叠层结构模具

钢板叠层结构是指两个半边模具各自由模腔钢板、冷却水钢板、侧吹钢板以及背板或其他类型的多层钢板叠加而成。目前国内已经有许多厂家研制出了采用钢板叠层技术组成的大型全冷却吹塑模具,极大地提高了模具的冷却速度,与原有冷却方法相比产品成型周期缩短近一倍,大大加快了大型吹塑制品的成型速度。并且这种模具冷却水道的制造成本比传统模具的制造成本有所降低。

5. 其他类型模具结构

对一些比较特殊的吹塑制品进行模具设计时,往往还需加入特殊的结构形式,例如抽芯模、预制件镶嵌模、分体顺序合模机构、高压热封模、局部抽真空模、局部控温负压模、插抽模等。这些特殊结构的不同组合也能带来各种不同的特点,实现不同结构制品的成型。

二、塑料鱼模具结构分析

图 2-5 为塑料鱼模具成型零件,图 2-6 为塑料鱼模具完整效果图,从模具的完整效果图可以看出,该模具是由两个半边模具组成,为整体式结构。

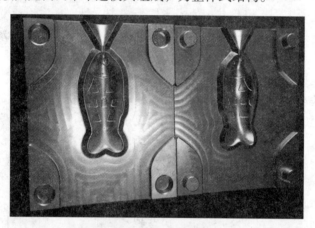

图 2-5 塑料鱼模具成型零件

图 2-6 塑料鱼模具完整效果图

模具的两个半边都是由一整块金属加工而成，采用高强度的不锈钢加工出型腔、切口、冷却水道，以及排气孔、槽和导柱、导套等。其结构的精度高，几何尺寸误差小，经久耐用。

 任务试题

1. 什么是塑料模具的成型零件？

2. 什么是成型零件的工作尺寸？

3. 塑件的花纹、标记、符号及其文字应该遵循怎样的原则？

4. 简述吹塑模具的基本结构。

5. 简述整体式结构吹塑模具的特点及应用。

6. 吹塑模具结构的组装方式可分为哪几种类型？

任务三　塑料鱼模具加工工艺分析

任务目标

（1）掌握吹塑工艺的分类。
（2）掌握模具加工的工艺要求。

基本概念

一、吹塑工艺的分类

吹塑工艺根据吹塑机的工作原理可以分为以下四种方法：

1. 挤出吹塑工艺

目前 3/4 的吹塑制品是由挤出吹塑工艺制造的，挤出吹塑分为连续式挤出吹塑和间歇式挤出吹塑两种。连续式挤出吹塑适用于快速生产小型制品，利用挤出机不断制造型坯，型坯逐一进入在一转台上的对开模具中，然后依次进行闭模、吹胀、冷却、顶出等操作。间歇式挤出吹塑则适用于生产大型吹塑制品，常用于生产高分子量的聚乙烯大型容器。

2. 注射吹塑工艺

注射吹塑是用型坯由注射机成型而得的，注射吹塑的好处是制品壁厚均匀，重量公差小，后加工少，废边少。但注射吹塑的模具费用高，因此适用于生产批量大的小型精制品，如药用瓶、化妆品瓶等。

3. 拉伸吹塑工艺

拉伸吹塑分为注拉吹和挤拉吹两种方式，注拉吹是对用注塑法制出的型坯进行拉伸吹塑；挤拉吹是对用挤出法制出的型坯进行拉伸吹塑。

4. 多层吹塑工艺

多层吹塑是用几种塑料以适当方法制出多层复合型坯，然后用一般吹塑工艺成型的。多层吹塑是引入一层或几层具有低渗透性的聚合物，以改善制品的耐溶剂性或透气性等。

以上四种吹塑工艺是最常使用的方法，另外吹塑常使用的塑料原料包括聚乙烯、聚氯乙烯、聚丙烯、聚酯等。

二、模具的工艺要求

在设计制造模具时，除了要考虑模具对后续产品加工生产时的性能及效率影响，还要考虑产品制造工艺对模具的要求。

1. 模具的排气

模具合模与型坯吹胀瞬间要将模具中的气体排出，如排气效果不好，残留在模具型腔的气体会使得制品表面出现条纹、凹痕、字体不清晰、不平整，甚至出现变形等缺陷。因此，这需要在模具设计与制造中加以充分考虑，可采取如下几种常用的措施。

（1）制品表面设计。对制品表面进行设计时，应在模具中设计必要的文字、图案或凹槽，以利于模具的排气。但也要避免出现大面积的光面，或在光面上刻制较浅的花纹，这样有利于模具的排气。

（2）模具型腔的处理。并不是所有模具型腔表面越光滑越好，稍粗糙的型腔表面不仅有利于模具的排气，还能提高制品表面效果。型腔表面处理常用的方法有型腔表面喷砂、表面蚀刻花纹、型腔抛光等方法。但对一些表面要求非常高的制品，例如聚苯乙烯制成的高级化妆品容器，就不适用。

（3）排气孔或排气槽。解决模具排气问题最有效的方法，是在模具型腔中及分型面上开设排气槽或排气孔，几种常用的排气方式如下：

1）在模具分型面上开设排气槽。在分型面上开设排气槽可尽可能快速地排出空气，一般排气槽设计在分型面的肩部与底部，有特别需要的可在特殊位置开设。

2）在模具型腔内开设排气孔。当需要在模具型腔内开设排气孔时，一般将靠近模具型腔的排气孔直径设计成 0.1~0.3mm，直径过大易在制品的表面留下凸点而影响制品表面；直径过小又会出现凹坑，且设计模具型腔内排气孔位置时还需考虑到不干扰冷系统的布置。对于大容积的制品，排气孔直径可以大一些，并安装特定的排气塞进行排气。此外，还可在模具型腔内的嵌件处，设置排气槽。

3）抽真空排气。在模具制造时，在模具的型腔内钻出一些小孔，使它们与真空机相连，可以快速抽走模具型腔内存留的空气，使吹塑型坯与模腔紧密贴合。

2. 模具的冷却

吹塑模具的冷却是重要的成型工艺条件之一，直接影响和决定制品的生产效率和产品质量。模具冷却系统的设计必须考虑到冷却部位、冷却面积、传热效率、制品冷却均匀性、冷却水温度、流量、压力、熔融树脂的温度与热容量等因素。因此，对模具的冷却系统的设计，应当给予必要的考虑。

常用的模具冷却水道方式有箱式冷却水道、钻孔式冷却水道、浇铸式冷却水道、叠层模具冷却水道。无论哪种方式，冷却水道的排列应该是进口在模具的下方，出口在模具的上方，这样可使得冷却水按自然升温方向流动。

3. 模具的切口及尾料槽

为了夹持和封闭型坯，切去型坯尾料，需要在模具的分型面的口颈部、底部、提手及把柄处等部位布置切口。

❓ 任务试题

1. 为什么要设排气系统？常见的排气方式有哪些？

2. 吹塑工艺的工作原理分为哪几种？并简述其特点及应用。

3. 常用的模具冷却水道方式有哪几种?

4. 在吹塑模具中常用的排气方式有哪几种?

5. 在吹塑过程中，如果模具排气不良，会造成制品哪方面的缺陷?

任务四　塑料鱼模具各零部件加工

任务目标

（1）了解模具制造工艺流程。
（2）熟悉模具成型表面的机械加工方法和特种加工方法。
（3）掌握模具各零件的加工工艺。

基本概念

一、模具制造的特点

（1）模具形状复杂，加工精度高。
（2）模具零件加工过程复杂，加工周期长。
（3）模具寿命要求高。
（4）模具零件加工属单件小批量生产。
（5）模具零件需修配、调整和试模。

二、模具制造工艺流程

模具制造的工艺流程主要有以下几个步骤：

1. 审图

审图是模具生产的基础，大体包括以下内容：

（1）模具零件工艺性分析。
（2）模具制造工艺规程、加工程序编制。
（3）模具制造用非标刀具、夹具、量具、辅具设计。
（4）材料、标准件计划单编制。
（5）制订工时定额。

2. 备料

先确定模具零件毛坯的种类、材料、大小及有关技术要求，随后进行准备。

3. 加工

加工包括模架加工、模芯加工、电极加工、模具零件加工，加工的方法包含机械加工、特种加工、热处理、表面处理等。

4. 检验

加工后都需要对零件进行检验，确定合格才能进行下一步工序。

5. 装配

装配质量直接影响模具的精度和寿命，要合理选择装配基准和装配方法。装配调试包括组件装配、总装配、调试。

6. 飞模

飞模就是合模，模具的分模面及滑块面等经过机加工或放电加工后，用红丹着色来确认面与面的接触是否良好，如果接触不理想就加以钳工修正。这个过程就叫飞模，也叫合模或配模。

7. 试模

试模就是对模具设计质量、制造质量及模具加工出的零件质量做出的合理性、正确性综合评价。要求模具设计、制造、使用三方人员都要到试模现场，参与试模鉴定。

8. 生产

通过试模鉴定后就可以使用该模具批量生产产品了。

三、模具制造的方法

1. 机械加工方法

（1）车削加工。车削加工主要用于内外回转表面、螺纹面、端面、钻孔、铰孔、镗孔、抛光及滚花等形状的加工。

（2）铣削加工。铣削是以铣刀作为刀具加工物体表面的一种机械加工方法，适用于加工平面、沟槽、各种成型面（如花键、齿轮和螺纹）和模具的特殊型面等。铣床有卧式铣床、立式铣床、龙门铣床、仿形铣床、万能铣床和杠铣床。

（3）磨削加工。磨削是指用磨料、磨具切除工件上多余材料的加工方法。为了达到模具的高尺寸精度和低表面粗糙度等要求，大多数模具零件在经过车、铣加工后需经过磨削加工。

（4）钻削加工。钻削加工是用钻头或扩孔钻等在钻床上加工模具零件孔的方法，其操作简便，适应性强，应用很广。钻削加工所用机床多为普通钻床，主要类型有台式钻床、立式钻床及摇臂钻床。

模具零件上的圆孔包括一般连接孔、深孔及精密孔等。钻削加工只用于连接孔、深孔的加工及精密孔的粗加工，精密孔的精加工需用坐标镗削或坐标磨削方法。

（5）镗削加工。镗削加工是用镗刀对已有孔进一步加工的精加工方法，常用来加工有位置度要求的孔和孔系，如注射模动、定模镶块中的各种型芯孔。镗削加工的范围很广，根据零件尺寸、形状、技术要求及生产批量的不同，镗削加工可在车床、铣床、镗床等机床上进行。

（6）研磨与抛光加工。由于塑料制品外观的需要，往往要求塑料模具型腔的表面达到镜面抛光的程度，如光学镜片、镭射唱片等模具对表面粗糙度要求极高。抛光不仅增加零件的美观性，而且能够改善材料表面的耐腐蚀性、耐磨性，还可以使模具拥有其他优点，如使塑料制品易于脱模，减少生产周期等。因而抛光在模具制作过程中是很重要的一道工序。

2. 特种加工方法

（1）电火花成型加工。电火花成型加工是在一定液体介质中，通过工具电极和零件之间脉冲放电时的电腐蚀作用，对零件进行加工的一种工艺方法。

特点：①能加工普通切削加工方法难以切削的材料和复杂形状工件。②加工时无切削力。③不产生毛刺和刀痕沟纹等缺陷。④工具电极材料无须比工件材料硬。⑤直接使用电能加工，便于实现自动化。⑥加工后表面产生变质层，在某些应用中须进一步去除。⑦工作液的净化和加工中产生的烟雾污染处理比较麻烦。

主要用途：①加工具有复杂形状的型孔和型腔的模具和零件。②加工各种硬、脆材料如硬质合金和淬火钢等。③加工深细孔、异形孔、深槽、窄缝和切割薄片等。

（2）电火花线切割加工。电火花线切割加工是利用移动的细金属丝做电极丝，利用高频脉冲发生器释放的脉冲电压将电极丝和零件的间隙击穿，产生瞬时火花放电，将零件局部融化而切割成型的。

根据电极丝的运动速度及方向不同，电火花线切割加工机床分为快走丝线切割机床和慢走丝线切割机床两类。

电极丝在电火花线切割加工中起着极其重要的作用，合理选择电极丝的材料、直径及其均匀性是保证加工稳定进行的重要环节。

电火花线切割加工在模具制造中可用于加工模具零件，还可以用来加工电火花成型加工中所用的电极。

四、塑料鱼模具主要零件的加工工艺

塑料鱼模具为整体式吹塑模具，由两个半边模具组成，图 2-7 为模具的左半模，其加工工艺如下：

1. 下料

锻造，按照图面尺寸，取各边毛坯余量 2mm。

2. 粗铣

粗铣毛坯，模具零件各个平面按照图面尺寸保留余量 0.2mm。

3. 精铣

精铣毛坯，模具零件各个平面加工至图面尺寸。

4. 加工中心（CNC）

CNC 加工不规则型腔。

5. 抛光

用砂纸打光工件毛刺及刀纹。

6. 放电（电火花加工）

将 CNC 无法加工的地方用电火花加工的方式加工到位。

图 2-7 塑料鱼左模

7. 粗铣模板孔

粗铣模板孔，保留精加工余量 0.1mm。

8. 精铣模板孔

精铣模板孔，达到图面要求的尺寸。

9. 钳工

去除毛刺等，模具加工完善。

10. 清洗

11. 检查

图2-8 塑料鱼右模

任务试题

1. 试写出塑料鱼右模（见图2-8）的加工工艺。

2. 模具制造有哪些特点？

3. 简述模具制造的工艺流程。

4. 简述模具制造的机械加工方法。

5. 简述电火花成型加工的特点及应用。

任务目标

（1）了解模具装配概念。
（2）熟悉模具装配精度要求。
（3）理解模具装配尺寸链。
（4）掌握中等复杂程度塑料模具装配工艺。

　基本概念

模具装配是模具制造过程中非常重要的环节，装配质量直接影响到模具的精度及寿命。模具装配过程是模具制造工艺全过程中的关键工艺过程，包括装配、调试、检验和试模。

一、模具装配精度要求

模具装配精度一般由设计人员根据产品零件的技术要求、生产批量等因素确定，它概括为模架的装配精度、主要工作零件及其他零件的装配精度，主要从以下几个方面体现。

1. 相关零件的位置精度

相关零件的位置精度指冲压模凸、凹的位置精度，注射模的定、动模型腔之间的位置精度，整体式吹塑模的两个半边之间的位置精度等。

2. 相关零件的运动精度

相关零件的运动精度包括直线运动精度、圆周运动精度及传动精度等。

3. 相关零件的配合精度

相关零件的配合精度是指相互配合零件间的间隙和过盈程度是否符合技术要求。

4. 相关零件的接触精度

相关零件的接触精度指注射模具分型面的接触状态，弯曲模的上、下成型表面的吻合一致性及注射模滑块与锁紧块的斜面贴合情况等。

二、模具装配工艺方法

1. 互换装配法

互换装配法是通过严格控制零件制造加工误差来保证装配精度。该方法具有零件加工精度高、难度大等缺点，但由于具有装配简单、质量稳定、易于流水作业、效率高、对装配钳工技术要求低、模具维修方便等优点，适合于大批量生产的模具装配。

2. 修配装配法

修配装配法是指装配时修去指定零件的预留修配量，达到装配精度要求的方法。这种方法广泛应用于单件小批量生产的模具装配。常用的修配方法有以下两种：

（1）指定零件修配法。指定零件修配法是在装配尺寸链的组成环中，预先指定一个零件作为修配件，并预留一定的加工余量，修配时再对该零件进行精密切削加工，达到装配精度要求的加工方法。

（2）合并加工修配法。合并加工修配法是将两个或两个以上的配合零件装配后，再进行机械加工，以达到装配精度要求的方法。

修配法的优点是放宽了模具零件的制造精度，可获得很高的装配精度；缺点是装配中增加了修配工作量，装配质量依赖于工人的技术水平。

3. 调整装配法

调整装配法是用改变模具中可调整零件的相对位置，或变化一组定尺寸零件（如垫片、垫圈）来达到装配精度要求的方法。

调整法可以放宽零件的制造公差，但装配时同样费工费时，并要求工人有较高的技术水平。

注意：采用修配法时应注意以下两点：

（1）应正确选择修配对象。选择那些只与本项装配精度有关，而与其他装配精度无关的零件作为修配对象；并要使修配对象易于拆装、修配量不大。

（2）应尽可能考虑用机械加工方法代替手工修配。

三、装配尺寸链

模具是由若干零部件装配而成的。为了保证模具的质量，必须在保证各个零部件质量的同时，保证这些零部件之间的尺寸精度、位置精度和装配技术要求。在进行模具设计、装配工艺的制定和解决装配质量问题时，都要应用装配尺寸链的知识。

1. 装配尺寸链

在产品的装配关系中，由相关零部件的尺寸（表面或轴线间的距离）或相互位置关系（同轴度、平行度、垂直度等）所组成的尺寸链，叫做装配尺寸链。装配尺寸链的封闭环就是装配后的精度和技术要求。这种要求是通过将零部件装配好以后才最后形成和保证的，是一个结果尺寸和位置关系。在装配关系中，对装配精度要求产生直接影响的那些零部件的尺寸和位置关系，是装配尺寸的组成环。组成环分为增环和减环。

2. 尺寸链的建立

建立和解算装配尺寸链时应注意以下几点：

（1）当某组成环属于标准件（如销钉等）时，其尺寸公差大小和分布位置在相应的标准中已有规定，属已知值。

（2）当某组成环为公共环时，其公差大小及公差带位置应根据精度要求最高的装配尺寸链来决定。

（3）其他组成环的公差大小与分布应视各环加工的难易程度予以确定。对于尺寸相近、加工方法相同的组成环，可按等公差值分配；对于尺寸大小不同、加工方法不一样的组成环，可按等精度（公差等级相同）分配；加工精度不易保证时可取较大的公差值。

（4）一般公差带的分布可按"入体"原则确定，并应使组成环的尺寸公差符合国家公差与配合标准的规定。

（5）对于孔心距尺寸或某些长度尺寸，可按对称偏差予以确定。

（6）在产品结构既定的条件下建立装配尺寸链时，应遵循装配尺寸链组成的最短路线原则（即环数最少），即应使每一个有关零部件（或组件）仅以一个组成环来加入装配尺寸链中，因而组成环的数目应等于有关零部件的数目。

四、塑料鱼模具装配工艺

如图 2-9 所示，塑料鱼模具为整体式吹塑模具，模具由两个半边模具组成，安装时只需将左右两边模具的定位柱和定位孔对齐闭合即可。

图 2-9　将塑料鱼模具安装在机床上

任务试题

1. 模具装配精度由哪几部分组成？主要体现在哪几个方面？

2. 采用修配法装配时要注意什么事项？

3. 什么是互换装配法？其特点是什么？

任务六 塑料鱼模具的调试

任务目标

（1）掌握模具制品试模过程中可能出现的问题。

（2）掌握模具制品试模出现问题时相应的解决办法。

基本概念

模具装配完成之后需要进行试模，试模就是对模具设计质量、制造质量及模具加工出的零件质量做出的合理性、正确性综合评价。试模过程中需要反复调试机台，找出最合适的成型条件，完成塑件的成型过程。

不正确的操作，不仅会造成塑件的成型缺陷，还可能损坏机台及模具。下面就来介绍不同塑件缺陷产生的原因及对应的解决办法。

一、成品不完整

成型时塑料没有完全充满模腔，造成塑件不完整。故障原因及处理方法如表2-4所示。

表2-4 成品不完整的故障原因及处理方法

序号	故障原因	处理方法
1	塑料温度太低	提高熔胶筒温度
2	射胶压力太低	提高射胶压力
3	射胶量不够	增加射胶量
4	浇口衬套与射嘴配合不正，塑料溢漏	重新调整其配合
5	射胶时间太短	增加射胶时间
6	射胶速度太慢	加快射胶速度
7	低压调整不当	重新调节
8	模具温度太低	提高模具温度
9	模具温度不匀	重调模具水管
10	模具排气不良	恰当位置加适度排气孔
11	射嘴温度低	提高射嘴温度
12	进胶不平均	重开模具溢口位置
13	浇道或溢口太小	加大浇道或溢口
14	塑料内润滑剂不够	增加润滑剂
15	背压不足	稍增背压
16	过胶圈、熔胶螺杆磨损	拆除检查修理
17	射胶量不足	更换较大规格注塑机
18	制品太薄	使用氮气射胶

二、制品收缩

制品收缩又称缩水或缩孔，表现为塑件表面不平整，在某些部分形成凹孔或凹坑，影响制品的外观和零件之间的配合，多数发生在壁厚（胶位）不均匀的塑料上，往往因冷却或固化速度不同，在较厚部位产生明显的收缩。故障原因及处理方法如表 2 - 5 所示。

表 2 - 5　制品收缩的故障原因及处理方法

序号	故障原因	处理方法
1	模内进胶不足	加模内进胶量
2	熔胶量不足	加熔胶量
3	射胶压力太低	高射压
4	背压压力不够	高背压力
5	射胶时间太短	长射胶时间
6	射胶速度太慢	快射速
7	溢口不平衡	模具溢口太小或位置不正确
8	射嘴孔太细，塑料在浇道衬套内凝固，减低背压效果	调整模具或更换射嘴
9	料温过高	低料温
10	模温不当	调适当温度
11	冷却时间不够	延长冷却时间
12	蓄压段过多	射胶终止应在最前端
13	产品本身或其肋骨及柱位过厚	检讨成品设计
14	射胶量过大	更换较细的注塑机
15	过胶圈、熔胶螺杆磨损	拆除检修
16	浇口太小、塑料凝固失支背压作用	加大浇口尺寸

三、成品粘模

成品粘模又称黏模，指塑件黏在模内不能脱出。故障原因及处理方法如表 2 - 6 所示。

表 2 - 6　成品粘模的故障原因及处理方法

序号	故障原因	处理方法
1	填料过饱	降低射脱压力、时间、速度及射胶量
2	射胶压力太高	降低射胶压力
3	射胶量过多	减少射胶量
4	射胶时间太长	减少射胶时间
5	料温太高	降低料温
6	进料不均使部分过饱	变更溢口大小或位置
7	模具温度过高或过低	调整模温及两侧相对温度
8	模内有脱模倒角	修模具除去倒角
9	模具表面不光滑	打磨模具
10	脱模造成真空	开模或顶出减慢、模具加进气设备
11	注塑周期太短	加强冷却
12	脱模剂不足	略微增加脱模剂用量

四、浇道（水口）粘模

故障原因及处理方法如表 2 – 7 所示。

表 2 – 7　浇道粘模的故障原因及处理方法

序号	故障原因	处理方法
1	射胶压力太高	降低射胶压力
2	塑料温度过高	降低塑料温度
3	浇道过大	修改模具
4	浇道冷却不够	延长冷却时间或降低冷却温度
5	浇道脱模角不够	修改模具增加角度
6	浇道衬套与射嘴配合不正	重新调整其配合
7	浇道内表面不光或有脱模倒角	检修模具
8	浇道外孔有损坏	检修模具
9	无浇道抓销	加设抓销
10	填料过饱	降低射胶量、时间及速度
11	脱模剂不足	略微增加脱模剂用量

五、毛头、飞边

又称溢边，表现在塑件边缘部分产生多余薄胶，它不但影响胶件成品的外观，而且也不符合成品的安全性，因其形成的利边和利角会割伤人的肌肤，此外也会影响零件间的配合尺寸和动作功能。故障原因及处理方法如表 2 – 8 所示。

表 2 – 8　毛头、飞边的故障原因及处理方法

序号	故障原因	处理方法
1	塑料温度太高	降低塑料温度，降低模具温度
2	射胶速度太快	减慢射胶速度
3	射胶压力太高	降低射胶压力
4	填料太饱	降低射胶时间、速度及剂量
5	合模线或吻合面不良	检修模具
6	锁模压力不够	增加锁模压力或更换模压力较大的注塑机

六、开模时或顶出时成品破裂

故障原因及处理方法如表 2 – 9 所示。

表 2 - 9 开模时或顶出时成品破裂的故障原因及处理方法

序号	故障原因	处理方法
1	填料过饱	降低射胶压力、时间、速度及射胶量
2	模温太低	升高模温
3	部分脱模角不够	检修模具
4	有脱模倒角	检修模具
5	成品脱模时不能平衡脱离	检修模具
6	顶针不够或位置不当	检修模具
7	脱模时局部产生真空现象	开模可顶出慢速,加进气设备
8	脱模剂不足	略微增加脱模剂用量
9	模具设计不良,成品内有过多余应力	改良成品设计
10	侧滑块动作之时间或位置不当	检修模具

七、结合线

结合线位于两股胶流结合处,理论上结合线必然存在,但根据模具结构和注塑参数的调节,可使其变轻微。故障原因及处理方法如表 2 - 10 所示。

表 2 - 10 结合线的故障原因及处理方法

序号	故障原因	处理方法
1	塑料熔融不佳	提高塑料温度、背压,加快螺杆转速
2	模具温度过低	提高模具温度
3	射嘴温度过低	提高射嘴温度
4	射胶速度太慢	加快射胶速度
5	射胶压力太低	提高射胶压力
6	塑料不洁或掺有其他料	检查塑料
7	脱模油太多	少用或尽量不用脱模油
8	浇道及溢口过大或过小	调整模具
9	熔胶接合的地方离浇道口太远	调整模具
10	模内空气排除不及时	增开排气孔或检查原有排气孔是否堵塞
11	熔胶量不足	使用较大的注塑机
12	脱模剂太多	不用或少用脱模剂

八、流纹

流纹是胶件表面雾色或亮色的痕迹。故障原因及处理方法如表 2 - 11 所示。

表 2-11　流纹的故障原因及处理方法

序号	故障原因	处理方法
1	塑料熔融不佳	提高塑料温度、背压，加快螺杆转速
2	模具温度太低	提高模具温度
3	模具冷却不当	重调模具水管
4	射胶速度太快或太慢	调整适当射胶速度
5	射胶压力太高或太低	调整适当射胶压力
6	塑料不洁或掺有其他料	检查塑料
7	溢口过小产生射纹	加大溢口
8	成品断面厚薄相差太多	变更成品设计或溢口位置

九、成品表面不光泽

故障原因及处理方法如表 2-12 所示。

表 2-12　成品表面不光泽的故障原因及处理方法

序号	故障原因	处理方法
1	模具温度太低	提高模具温度
2	塑料剂量不够	增加射胶压力、速度、时间及剂量
3	模腔内有过多脱模油	擦拭干净
4	塑料干燥处理不当	改良干燥处理
5	模内表面有水	擦拭并检查是否漏水
6	模内表面不光滑	打磨模具

十、银纹

银纹又称银线纹，表现在塑件表面有闪光的银色线状纹，影响外观。故障原因及处理方法如表 2-13 所示。

表 2-13　银纹的故障原因及处理方法

序号	故障原因	处理方法
1	塑料含有水分	塑料彻底烘干，提高背压
2	塑料温度过高或塑料在机筒内停留过久	降低塑料温度，更换射胶量较小的注塑机，降低射嘴及前段温度
3	塑料中其他添加物，如润滑剂、染料等分解	减小其使用量或更换耐温较高的代替品
4	塑料中其他添加物混合不匀	彻底混合均匀
5	射胶速度太快	减慢射胶速度
6	射胶压力太高	降低射胶压力
7	熔胶速度太低	加快熔胶速度
8	模具温度太低	提高模具温度
9	塑料粒粗细不匀	使用粒状均匀原料
10	熔胶筒内夹有空气	降低熔胶筒后段温度，提高背压，减小压缩段长度
11	塑料在模内流程不当	调整溢口大小及位置，模具温度保持平均，成品厚度平均

十一、成品变形

表现在塑件不平直，扭曲变形。故障原因及处理方法如表 2-14 所示。

表 2-14　成品变形的故障原因及处理方法

序号	故障原因	处理方法
1	成品顶上时尚未冷却	降低模具温度，延长冷却时间，降低塑料温度
2	塑料温度太低	提高塑料温度和模具温度
3	成品形状及厚薄不对称	模具温度分区控制，脱模后以定形架固定，变更成形设计
4	填料过多	减小射胶压力、速度、时间及剂量
5	几个溢口进料不平均	更改溢口
6	顶针系统不平衡	改善顶出系统
7	模具温度不均匀	调整模具温度
8	近溢口部分的塑料太松或太紧	增加或减少射胶时间
9	保压不良	增加保压时间

十二、成品内有气孔

故障原因及处理方法如表 2-15 所示。

表 2-15　成品内有气孔的故障原因及处理方法

序号	故障原因	处理方法
1	填料量不足以防止成品过度收缩	增加填料量
2	成品断面、肋或柱过厚	变更成品设计或溢口位置
3	射胶压力太低	提高射胶压力
4	射胶量及时间不足	增加射胶量及射胶时间
5	浇道溢口太小	加大浇道及溢口
6	射胶速度太快	调慢射胶速度
7	塑料含水分	塑料彻底干燥
8	塑料温度过高以致分解	降低塑料温度
9	模具温度不均匀	调整模具温度
10	冷却时间太长	减少模内冷却时间，使用水浴冷却
11	水浴冷却过急	减少水浴时间或提高水浴温度
12	背压不够	提高背压
13	熔胶筒温度不当	降低射嘴及前段温度，提高后段温度
14	塑料的收缩率太大	采用收缩率较小的塑料

十三、黑纹

塑件表面有黑色条纹。故障原因及处理方法如表 2-16 所示。

表 2 – 16 黑纹的故障原因及处理方法

序号	故障原因	处理方法
1	塑料温度太高	降低塑料温度
2	熔胶速度太快	降低射胶速度
3	螺杆与熔胶筒偏心而产生非常摩擦热	检修机器
4	射嘴孔过小或温度过高	重新调整孔径或温度
5	射胶量过大	更换较小型的注塑机
6	熔胶筒内有使塑料过热的因素	检查射嘴与熔胶筒间的接触面有无间隙或腐蚀现象

十四、黑点

塑件上有黑色斑点。故障原因及处理方法如表 2 – 17 所示。

表 2 – 17 黑点的故障原因及处理方法

序号	故障原因	处理方法
1	塑料过热部分附着熔胶筒内壁	彻底空射，拆除熔胶筒清理，降低塑料温度，减少加热时间，加强塑料干燥处理
2	塑料内混有杂物、纸屑等	检查塑料，彻底空射
3	射入模内时产生焦斑	降低射胶压力及速度，降低塑料温度，加强模具排气孔，酌降关模压力，更改溢口位置
4	熔胶筒内有使塑料过热的因素	检查射嘴与熔胶筒间的接触面有无间隙或腐蚀现象

十五、不稳定的周期

以上列举的各种成型缺点，其成因及对策大多都与周期的稳定与否有关。塑料在熔胶筒内适当塑化，或模具的温度控制，都是传热平衡的结果。也就是说在整个注塑周期中，熔胶筒内的塑料接受来自螺杆旋转的摩擦热和电热圈的热。热能随着塑料注入模内，模具的热能来自塑料和模具的恒器，损失在成品的脱模过程中，散失于空气中或由冷却水带走。因此，熔胶筒或模具的温度若要维持不变，必须保持其进出的传热平衡。

维持传热的平衡则必须维持稳定的注塑周期。假若注塑周期时间越来越短，则熔胶筒中的热能入不敷出，以致不足以熔化塑料，而模具的热能则又入多于出，以致模温不断上升；反之，则有相反的结果。因此，在任何注塑成型的操作中（特别是手动操作），必须控制稳定的周期，尽量避免快慢不一。

如其他条件维持不变，则：

（1）周期的加快将造成短射、成品收缩与变形、粘模。

（2）周期的延慢将造成溢料、毛头、料模、成品变形、塑料过热甚至烧焦，残留在模具中的焦料可能造成模具损坏。熔胶筒中过热的塑料可能腐蚀熔筒及成品，出现黑斑及黑纹。

注意：为了提高工作效率，操作人员应把最好的注塑机成型条件记录下来，以供日后解决问题时参考。

任务试题

1. 润滑剂的作用是什么?

2. 在塑料成型中改善流动性的办法有哪些?

3. 注射成型前的准备工作有哪些?

4. 壁厚对塑件的影响有哪些?

5. 模具温度及其调节具有什么重要性? 温度控制系统有什么功能?

6. 塑料制品收缩不均匀会造成什么制品上的缺陷?

任务七 塑料鱼模具的保养

任务目标

（1）了解模具的日常管理。
（2）掌握模具的检测及维修。
（3）掌握模具的表面保养。

基本概念

吹塑模具是一种生产塑胶制品的工具，是能赋予塑胶制品完整结构和精确尺寸的工具。在实际生产过程中，模具很容易损坏或磨损，导致成型的生产效率变低，那么如何保养模具呢？

一、模具日常管理

应给每副模具配备履历卡，详细记载、统计其使用、护理（润滑、清洗、防锈）及损坏情况，据此可发现哪些部件、组件已损坏，磨损程度大小，以提供发现和解决问题的信息资料，以及该模具的成型工艺参数、产品所用材料，以缩短模具的试车时间，提高生产效率。

二、模具检测及维修

加工企业应在注塑机、模具正常运转的情况下，定期测试模具各种性能，并将最后成型的塑件尺寸测量出来，通过这些信息可确定模具的现有状态，找出模具的损坏所在，根据塑件提供的信息，即可判断模具的损坏状态以及维修措施。

三、定期检测模具的重要零部件

在模具的组成中，顶出、导向部件的作用是确保模具开合运动及塑件顶出，若其中任何部位因损伤而卡住，将导致停产，故应经常保持模具顶针、导柱的润滑（要选用最适合的润滑剂），并定期检查顶针、导柱等是否发生变形及表面损伤，一经发现，要及时更换；完成一个生产周期之后，要对模具工作表面、运动、导向部件涂覆专业的防锈油，尤应重视对带有齿轮、齿条模具轴承部位和弹簧模具的弹力强度的保护，以确保其始终处于最佳工作状态；随着生产时间持续，冷却道易沉积水垢、锈蚀、淤泥及水藻等，使冷却流道截面变小，冷却通道变窄，大大降低冷却液与模具之间的热交换率，增加企业生产成本。因此，对流道的清理应引起重视；对于热流道模具而言，加热及控制系统的保养有利于防止生产故障的发生，故而尤为重要。因此，每个生产周期结束后都应对模具上的带式加热器、棒式加热器、加热探针以及热电偶等用欧姆表进行测量，如有损坏，要及时更换，并与模具履历表进行比较，做好记录，以便适时发现问题，采取应对措施。

四、重视模具的表面保养

模具的表面直接影响产品的表面质量，保养的重点是防止锈蚀，因此，选用一种适合、优质、专业的防锈油就尤为重要。当模具完成生产任务后，应根据不同注塑工序采取不同方法仔细清除残余注塑，可用铜棒、铜线及专业模具清洗剂清除模具内残余注塑及其他沉积物，然后风干。禁用铁丝、钢条等坚硬物品清理，以免划伤表面。若有腐蚀性注塑引起的锈点，要使用研磨机研磨抛光，并喷上专业的防锈油，然后将模具置于干燥、阴凉、无粉尘处储存。

 任务试题

1. 简述模具的日常管理。

2. 简述模具的检测及维修。

3. 如何做到定期检测模具的重要零部件？

4. 简述模具的表面保养。

冲压模具设计与制造实例

任务一　常用冲床的简介

任务目标

（1）了解常用冲压设备类型及主要参数。
（2）掌握压力机类型的选择。

基本概念

常用的冲压设备很多，但主要是压力机。压力机的主要形式有曲柄压力机、液压压力机、摩擦压力机、双动压力机、三动压力机、多工位压力机、弯曲机、精冲压力机、高速压力机和数控冲床等。下面介绍常用的曲柄压力机。

一、曲柄压力机

1. 曲柄压力机的结构及工作原理

曲柄压力机是冲压生产中应用最广泛的机械压力机，习惯称为冲床。图3-1所示为曲柄压力机的外形，图3-2为其工作原理。电动机1通过带轮2、带轮3及大小齿轮带动曲轴7旋转，曲轴通过连杆9带动滑块10沿导轨作下上往复运动，从而带动模具实施冲压。模具安装在滑块与工作台之间。

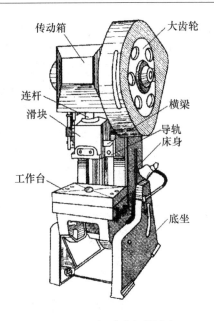

图 3 - 1 可倾式曲柄压力机

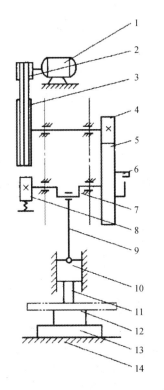

1—电动机；2—小带轮；3—大带轮；4—小齿轮；5—大齿轮；6—离合器；7—曲轴；
8—制动器；9—连杆；10—滑块；11—上模；12—下模；13—垫板；14—工作台

图 3 - 2 曲柄压力机工作原理

曲柄压力机结构包括工作机构、传动机构、操作机构、支承机构和辅助机构等。

（1）工作机构。工作机构主要由曲轴 7、连杆 9 和滑块 10 组成。其作用是将电动主轴的旋转运动变为滑块的往复直线运动。滑块底平面中心设有模具安装孔，大型压力机滑块底面还设有 T 形槽，用来安装和压紧模具，滑块中还设有退料装置（如图 3－1 中所示横梁），用以在滑块回程时将工件或废料从模具退出。

（2）传动系统。传动系统由电动机 1、小带轮 2、大带轮 3、小齿轮 4 和大齿轮 5 等组成。其作用是将电动机的运动和能量按照一定要求传给曲柄滑块机构。

（3）操作系统。操作系统包括空气分配系统、离合器、制动器、电气控制箱等。离合器是用来接通或断开大齿轮与曲轴间运动传递的机构，即控制滑块是否产生冲压动作，由操作者操纵。制动器可以确保离合器脱开时，滑块比较准确地停止在曲轴运动的上止点位置。

（4）支承部件。支承部件包括机身、工作台、拉紧螺栓等。

此外，压力机还具有气路和滑润等辅助系统，以及安全保护、气垫、顶料等附属装置。

2. 压力机的型号

压力机的型号用汉语拼音字母、英文字母和数字表示。例如，JA23－63B 型号的意义如下：

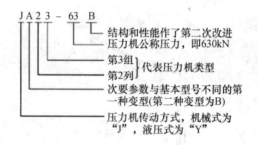

3. 曲柄压力机的基本技术参数

曲柄压力机的基本技术参数表示压力机的工艺性能和应用范围，是选用压力机和设计模具的主要依据。压力机的主要技术参数介绍如下：

（1）公称压力 F_p（kN）。公称压力应与模具设计所需的总压力相适应，它是选择压力机的主要依据。

（2）滑块行程 s。滑块行程是指滑块上、下止点间的距离。

（3）滑块行程次数。滑块行程次数是指滑块空载时，每分钟上下往复运动的次数。有负载时，实际滑块行程次数小于空载次数。对于自动送料曲柄压力机，滑块行程次数越高，生产效率越高。

（4）装模高度。压力机装模高度是指压力机滑块处于下止点位置时，滑块下表面到工作台上表面的距离。

注意：当模具的闭合高度 h 小于压力机的最小装模高度 H_{min} 时该怎么办？此时可在压力机的工作台上加装垫板，增加模具的闭合高度。

（5）工作台尺寸和滑块底面尺寸。一般情况下，工作台面尺寸应大于下模座尺寸 50～70mm，为固定下模留下足够的空间。

（6）模柄孔和漏料孔尺寸。

4. 开式压力机（见图3-3）的主要技术参数（见表3-1）

图3-3 开式压力机

表3-1 开式压力机主要技术参数

序号	名称		单位	规格	备注
1	公称压力		千牛	250	
2	滑块行程		毫米	70	
3	滑块行程次数		次/分	70	
4	最大封闭高度		毫米	200	
5	封闭高度调节量		毫米	40	
6	滑块中心至机身距离		毫米	180	
7	工作台尺寸（左右×前后）		毫米	500×320	
8	工作台落料空尺寸		毫米	φ130	
9	滑块底面尺寸（前后×左右）		毫米	170×210	
10	模柄孔尺寸（直径×深度）		毫米	φ40×60	
11	机身立柱间距离		毫米	230	
12	垫板厚度		毫米	50	
13	机身最大可倾角度		度	15	
14	电动机	功率	千瓦	2.2	
		转速	转/分	1400	
		型号		Y100L1-4	
15	外形尺寸	长	毫米	900	
		宽	毫米	700	
		高	毫米	2000	
16	机身重量		千克	约1180	

二、压力机类型的选择

曲柄压力机适用于落料模、冲孔模、弯曲模和拉深模。C形床身的开式曲柄压力机具有操作方便及容易安装机构化附属设备等优点，适用于中小型冲模。闭式机身的曲柄压力机刚度较好，精度较高，适用于大中型或精度要求较高的冲模。

液压压力机适用于小批量生产大型厚板的弯曲模、拉深模、成型模和校平模。它不会因为板料厚度超差而过载，特别是对于行程较大的加工，具有明显的优点。

摩擦压力机适用于中小型件的校正模、压印模和成型模。生产率比曲柄压力机低。

双动压力机适用于大批量生产大型、较复杂拉深件的拉深模。

多工位压力机适用于同时安装落料、冲孔、压花、弯曲、拉深、切边等多副模具，不宜用于连续模。它适用于不宜用连续模生产的大批量成型冲件。

弯曲机适用于小型复杂的弯曲件生产。弯曲机是一种自动化机床，它具有自动送料装置及多滑块，可对带料或丝料进行切边、冲裁、弯曲等加工。每一个动作都是利用凸轮、连杆和滑块单独进行驱动，模具各部分成为独立的单一体，从而大大简化了模具结构。

精冲压力机适用于精冲模，能冲裁出具有光洁平直剪切面的精密冲裁件，也可以进行冲裁—弯曲、冲裁—成型等连续工序。

高速压力机适用于连续模。高速压力机是高效率、高精度的自动化设备，一般配有卷料架、校平和送料装置，以及废料切刀等附属设施。

数控冲床的步冲次数（数控冲床工作步距和频率简称步冲次数）高、冲压稳定，并配有高效自动编程软件。主要用于带多种尺寸规格孔型的板冲件加工，在大型电气控制柜加工行业有着广泛的市场，也可用于其他大批量板冲件的加工。

 ## 任务试题

1. 压力机的主要形式有哪几种？其中最常用的是哪一种？

2. 简述曲柄压力机的结构及工作原理。

3. 曲柄压力机的基本技术参数有哪些？

4. 试举例说明曲柄压力机适用于哪些模具？

5. 简述液压压力机的用途及特点。

6. 简述弯曲机的用途及特点。

任务二　开瓶器模具结构分析

 任务目标

（1）了解金属材料的塑性。
（2）掌握冲压模具的主要类型。
（3）掌握常见冲压模具的结构。
（4）掌握开瓶器模具的结构特点。

基本概念

一、金属材料的塑性与变形抗力

1. 塑性

塑性是指固体材料在外力作用下发生永久变形而不破坏其完整性的能力。材料的塑性是塑性加工的依据，冲压成型时总希望被冲压的材料具有良好的塑性。

金属材料的塑性与柔软性概念不同，柔软性只是物质变形抗力的标志，与金属的塑性没有直接的联系。即软的材料塑性不一定好，塑性好的材料不一定柔软。

同一变形条件下不同的材料具有不同的塑性，同一种材料在不同的变形条件下又会出现不同的塑性。

影响金属材料塑性变形的因素有两个：一是金属材料本身的性质，如化学成分、金相组织等；二是外部条件，如变形温度、变形速度和应力状态等。

2. 变形抗力

塑性变形时，使金属产生塑性变形的外力称为变形力，金属抵抗变形的力称为变形抗力。变形抗力反映了使材料产生塑性变形的难易程度。变形抗力与变形力数值相等，方向相反。

（1）化学成分及组织对变形抗力的影响。对于纯金属，因原子间的作用特性不同，各种纯金属的变形抗力也不同，纯度越高，变形抗力越小。

（2）变形温度对变形抗力的影响。温度升高，金属原子间的结合力降低，变形抗力降低。但那些在升温过程中在某些温度区间出现脆性区的金属则例外。

（3）变形速度对变形抗力的影响。一方面，变形速度的增大使热效应增大，从而使变形抗力降低；另一方面，变形速度增大缩短了变形时间，位错运动的发生与发展时间不足，又使变形抗力增加。一般来说，随着变形速度的增加，金属的真实应力提高，但提高的程度与变形温度有关。冷变形时变形速度对真实应力影响不大，而在热变形时变形速度的提高会引起真实应力的显著提高。

（4）变形程度对变形抗力的影响。金属变形过程中，随着塑形变形程度的增加，其变形抗力增加，硬度提高，而塑性降低，这种现象称为加工硬化。材料的加工硬化对塑性变形的影响很大，材料在发生加工硬化以后，不仅使变形抗力增加，而且还限制了材料的进一步变形，甚至要在后续成型工序前增加退火工序。

（5）应力状态对变形抗力的影响。塑性理论指出，只有应力差才会导致物体的形状改变。物体受到的静水压力越大，其变形抗力越大。如挤压时金属受三向压应力作用，拉拔时受两压一拉的应力作用，虽然两者产生的变形状态是相同的，但挤压时的变形抗力远大于拉拔时的变形抗力。

二、冲压模具的主要分类

一般可按以下几个主要特征分类：

1. 根据工艺性质分类

（1）冲裁模是沿封闭或敞开的轮廓线使材料产生分离的模具。如落料模、冲孔模、切断模、切口模、切边模、剖切模等。

（2）弯曲模是使板料毛坯或其他坯料沿着直线（弯曲线）产生弯曲变形，从而获得一定角度和形状的工件的模具。

（3）拉深模是把板料毛坯制成开口空心件，或使空心件进一步改变形状和尺寸的模具。

（4）成型模是将毛坯或半成品工件按图中凸、凹模的形状直接复制成型，而材料本身仅产生局部塑性变形的模具。如胀形模、缩口模、扩口模、起伏成型模、翻边模、整形模等。

2. 根据工序组合程度分类

（1）单工序模是在压力机的一次行程中，只完成一道冲压工序的模具。

（2）复合模是只有一个工位，在压力机的一次行程中，在同一工位上同时完成两道或两道以上冲压工序的模具。

（3）级进模（也称连续模）是在毛坯的送进方向上，具有两个或更多的工位，在压力机的一次行程中，在不同的工位上逐次完成两道或两道以上冲压工序的模具。

三、冲裁模的结构分析

1. 单工序冲模

在冲床的一次冲压过程中完成一个冲裁工序的冲模称为单工序模，如落料模、冲孔模等。

（1）落料模。落料模是完成落料工序的单工序模，要求凸、凹模间隙合理，条料在模具中定位准确，落料件下落顺畅，落料件平整，剪切断面质量好。图3-4采用了固定卸料板卸料。

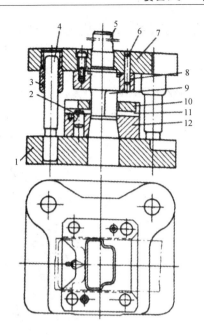

1—下模座；2—定位销；3—导套；4—导柱；5—模柄；6—圆柱销；7—上模座
8—凸模固定板；9—凸模；10—固定卸料板；11—导料板；12—凹模

图3-4　固定卸料板落料模

图3-5采用了弹性卸料板卸料，并在凸模6与上模座2之间增加了垫板3，它可以使凸模所受到的冲裁力均匀地分布于上模座。

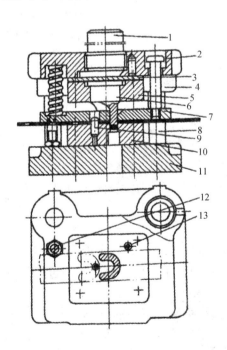

1—模柄；2—上模座；3—凸模垫板；4—导套；5—凸模固定板；6—凸模；7—弹性卸料板
8—导柱；9—定位销；10—凹模；11—下模座；12—导向螺钉；13—挡料销

图3-5　弹性卸料板落料模

模架导向的冲裁模，导柱导向精度较高，模具使用寿命长，适用于零件的大批量生产。固定卸料板冲裁模结构主要用于料厚 t > 0.5mm 零件的冲裁（冲孔、落料）；弹性卸料板冲裁模则可用于料厚 f < 0.5mm 零件的冲孔或落料，并能保持零件具有较好的平面度，但固定卸料板冲裁模的结构较弹性卸料板冲裁模的结构简单。

（2）冲孔模。冲孔模是在工件上冲出所需要的孔。如小批量生产如图 3 − 6（a）所示零件，采用的就是剪板剪切外形、模具冲孔的加工工艺。图 3 − 6（b）为所用模具结构简图。

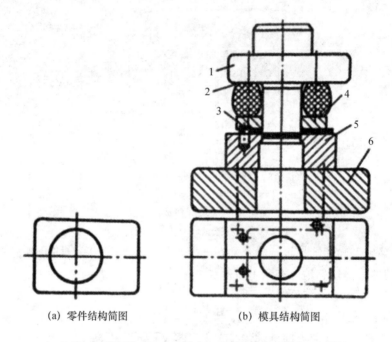

(a) 零件结构简图　　　　　(b) 模具结构简图

1—上模；2—聚氨酯；3—定位销；4—卸料板；5—凹模；6—下模板

图 3 − 6　冲孔模具结构

该模具为无导向的敞开式简单冲孔模，剪切好的坯料由安装在凹模 5 上的 3 个定位销定位，上模 1 与凹模 5 共同冲出圆孔，由压缩后的聚氨酯 2 提供动力给卸料板 4 将夹在上模 1 上的零件推出。此类模具结构简单，制造容易，成本低，但使用时模具间隙调整麻烦，冲件质量差，操作也不够安全。主要适用于精度要求不高、形状简单、批量小的冲裁件。

2. 复合冲模

在冲床一次冲压过程中，在模具同一部位同时完成两道以上工序的冲模称为复合模。复合模的结构特点是：在模具中除了凸模、凹模外，还有凸凹模（既是凹模又是凸模），复合模结构原理如图 3 − 7 所示。

如图 3 − 7 所示的复合模结构原理图中的凸凹模 2，与凹模 3 作用完成落料（此时是落料凸模），与凸模 4 作用完成冲孔（此时又是冲孔凹模）。冲裁结束后，零件由推件块 5 推出凹模 3 的型腔，紧卡在凸凹模 2 上的条料由卸料板卸下。

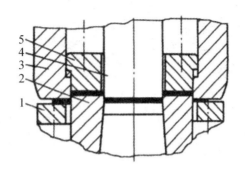

1—卸料板；2—凸凹模；3—凹模；

4—凸模；5—推件块

图 3 - 7　复合模结构原理

对于冲孔、落料复合模，按落料凹模的安装位置不同，复合模的基本结构形式分为两种：落料凹模安装在下模部分的称为正装式复合模，落料凹模安装在上模部分的称为倒装式复合模。

3. 冲裁模的主要结构零件

（1）工作零件。直接使材料发生分离或变形的零件称为工作零件。冲裁、弯曲、拉深等各种工序中所用模具的凸模、凹模及凸凹模等均为工作零件。

（2）定位零件。毛坯在模具上的定位存有两个内容，即在送料方向上的定位（即巧挡料）以及与送料方向垂直的方向上的定位（即送进导向）。不同的定位方式根据毛坯形状、尺寸及模具的结构形式进行选择。常用的定位零件有挡料销、定位销、侧刃等。

（3）卸料装置。卸料装置是用于将条料、废料从凸模上卸下的装置，分刚性卸料和弹性卸料两大类。

（4）导向零件。导向零件是保证上模与下模相对运动时有精确的导向，使凸模、凹模间有均匀的间隙，提高冲压件的质量。

导向零件主要有导柱、导套。按其结构形式可分为滑动和滚动两种结构。

（5）固定零件。固定零件的作用是使模具各部分组成一个整体，保证各零件间的相对位置，并使模具能安装在压力机上。

固定零件主要包括上、下模板及模柄、垫板、固定板、螺钉、销钉等零件。这类零件已经标准化。

（6）缓冲零件。缓冲零件在模具进行冲压工作过程中起到缓冲和降低噪声的作用，主要包括卸料弹簧、聚氨酯橡胶和氮气缸等。

四、开瓶器模具结构分析

（一）冲裁件工艺分析

开瓶器零件图如图 3 - 8 所示。

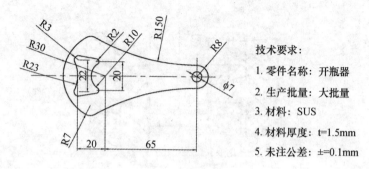

图 3 - 8　开瓶器零件图

由开瓶器零件图对该零件进行工艺分析如下：

（1）冲裁件的形状简单、对称，无复杂形状的曲线。

（2）冲裁件的形状及内孔转角均为圆角过渡，无尖角。

（3）冲裁件上孔的尺寸均大于最小冲孔尺寸。

（4）冲裁件上孔与边缘之间有足够的距离，冲裁时不影响质量。

（5）冲裁件的材料为 SUS，延展性好，具有良好的可冲压性。

（6）尺寸精度：精度无高要求，均采用 14 级。

（二）冲裁工艺计算

1. 模具间隙的确定

冲裁间隙是指冲裁凸、凹模之间的工作部分的尺寸之差，如图 3 - 9 所示，即 $Z = D_凹 - D_凸$。如无特殊说明，冲裁间隙都是指双边间隙。

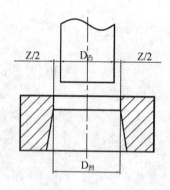

图 3 - 9　冲裁间隙

间隙的大小与材料厚度和材料塑性有关。从板料厚度上来说，厚度增大，间隙数值应正比增大；反之，板料越薄，则间隙应越小。从材料塑性上来说，材料塑性越好，间隙数值越小，而塑性差的硬材料，间隙数值就应大一些。

在实际生产中，合理间隙的数值是由实验方法所制定的表格来确定的。开瓶器模具的厚度 $t = 1.5mm$，材料为不锈钢，查表 3 - 2 可得 $Z_{min} = 0.120mm$，$Z_{max} = 0.150mm$。

表3-2 冲裁模初始双面间隙 单位：mm

材料厚度	软铝		紫铜、黄铜、软铜 (0.08~0.2)%C		杜拉铝、中等硬钢 (0.3~0.4)%C		硬钢 (0.5~0.6)%C	
	Z_{min}	Z_{max}	Z_{min}	Z_{max}	Z_{min}	Z_{max}	Z_{min}	Z_{max}
0.2	0.008	0.012	0.010	0.014	0.012	0.016	0.014	0.018
0.3	0.012	0.018	0.015	0.021	0.018	0.024	0.021	0.027
0.4	0.016	0.024	0.020	0.028	0.024	0.032	0.028	0.036
0.5	0.020	0.030	0.025	0.035	0.030	0.040	0.035	0.045
0.6	0.024	0.036	0.030	0.042	0.036	0.048	0.042	0.054
0.7	0.028	0.042	0.035	0.049	0.042	0.056	0.049	0.063
0.8	0.032	0.048	0.040	0.056	0.048	0.064	0.056	0.072
0.9	0.036	0.054	0.045	0.063	0.054	0.072	0.063	0.081
1.0	0.040	0.060	0.050	0.070	0.060	0.080	0.070	0.090
1.2	0.050	0.084	0.072	0.096	0.084	0.108	0.096	0.120
1.5	0.075	0.105	0.090	0.120	0.105	0.135	0.120	0.150
1.8	0.090	0.126	0.108	0.144	0.126	0.162	0.144	0.180
2.0	0.100	0.140	0.120	0.160	0.140	0.180	0.160	0.200
2.2	0.132	0.176	0.154	0.198	0.176	0.220	0.198	0.242
2.5	0.150	0.200	0.175	0.225	0.200	0.250	0.225	0.275
2.8	0.168	0.224	0.196	0.252	0.224	0.280	0.252	0.308
3.0	0.180	0.240	0.210	0.270	0.240	0.300	0.270	0.330
3.5	0.245	0.315	0.280	0.350	0.315	0.385	0.350	0.420
4.0	0.280	0.360	0.320	0.400	0.360	0.440	0.400	0.480
4.5	0.315	0.405	0.360	0.450	0.405	0.490	0.450	0.540
5.0	0.350	0.450	0.400	0.500	0.450	0.550	0.500	0.600
6.0	0.480	0.600	0.540	0.660	0.600	0.720	0.660	0.780
7.0	0.560	0.700	0.630	0.770	0.700	0.840	0.770	0.910
8.0	0.720	0.880	0.800	0.960	0.880	1.040	0.960	1.120
9.0	0.810	0.990	0.900	1.080	0.990	1.170	1.080	1.260
10.0	0.900	1.100	1.000	1.200	1.100	1.300	1.200	1.400

注：①初始间隙的最小值相当于间隙的公称数值。②初始间隙的最大值是考虑到凸模和凹模的制造公差所增加的数值。③在使用过程中，由于模具工作部分的磨损，间隙将有所增加，因而使用时间隙的最大数值要超过表中所列数值。

2. 凸、凹模刃口尺寸的确定

(1) 尺寸计算原则。在确定冲模凸模和凹模刃口尺寸时，必须遵循以下原则：

1) 根据落料和冲孔的特点，落料件的尺寸取决于凹模尺寸，因此落料模应先决定凹模尺寸，用减小凸模尺寸来保证合理间隙；冲孔件尺寸取决于凸模尺寸，故冲孔模应先决定凸模尺寸，用增大凹模尺寸来保证合理间隙。

2）根据凸、凹模刃口的磨损规律，凹模刃口磨损后使落料件尺寸变大，其刃口基本尺寸应取接近或等于工件的最小极限尺寸；凸模刃口磨损后使冲孔件孔径减小，其刃口基本尺寸应取接近或等于工件的最大极限尺寸。

3）考虑工件精度与模具精度间的关系，在确定模具制造公差时，既要保证工件的精度要求，又要保证有合理的间隙数值。一般冲模精度较工件精度高 2～3 级。

（2）尺寸计算方法。由于模具加工和测量方法的不同，可分为凸模与凹模分开加工和配合加工两类。

1）凸模与凹模分开加工。这种加工方法适用于圆形或简单形状的冲裁件。其尺寸计算公式如表 3-3 所示。

表 3-3　分开加工法凸、凹模工作部分尺寸和公差计算公式

工序性质	工件尺寸	凸模尺寸	凹模尺寸
落料	$D^0_{-\Delta}$	$D_凸 = (D - \chi\Delta - Z_{min})^0_{-\delta_凸}$	$D_凹 = (D - \chi\Delta)^{+\delta_凹}_0$
冲孔	$d^{+\Delta}_0$	$d_凸 = (d + \chi\Delta)^0_{-\delta_凸}$	$d_凹 = (d + \chi\Delta + Z_{min})^{+\delta_凹}_0$

注：计算时，需先将工件尺寸化成 $D^0_{-\Delta}$，$d^{+\Delta}_0$ 的形式。

其中，$D_凸$，$D_凹$ 为分别为落料凸、凹模的刃口尺寸（mm）；$d_凸$，$d_凹$ 为分别为冲孔凸、凹模刃口尺寸（mm）；D 为落料件外形的最大极限尺寸（mm）；d 为冲孔件孔径的最小极限尺寸（mm）；χ 为磨损系数，可查表 3-5；$\delta_凸$，$\delta_凹$ 分别为凸、凹模的极限公差（mm），可查表 3-4；Δ 为零件（工件）的公差（mm）；Z_{min} 为最小合理间隙。

表 3-4　圆形凸、凹模的极限偏差

材料厚度 t（mm）	基本尺寸（mm）									
	<10		10～50		50～100		100～150		150～200	
	$\delta_凹$	$\delta_凸$	$\delta_凹$	$\delta_凸$	$\delta_凹$	$\delta_凸$	$\delta_凹$	$\delta_凸$	$\delta_凹$	$\delta_凸$
0.5	0.006	-0.004	0.006	-0.004	0.008	-0.005	—	—	—	—
0.6	0.006	-0.004	0.008	-0.005	0.008	-0.005	0.01	-0.007	—	—
0.8	0.007	-0.005	0.008	-0.006	0.01	-0.007	0.012	-0.008	—	—
1.0	0.008	-0.006	0.01	-0.007	0.012	-0.008	0.015	-0.01	0.017	-0.012
1.2	0.01	-0.007	0.012	-0.008	0.015	-0.01	0.017	-0.012	0.022	-0.014
1.5	0.012	-0.008	0.015	-0.01	0.017	-0.012	0.02	-0.014	0.025	-0.017
1.8	0.015	-0.01	0.017	-0.012	0.02	-0.014	0.025	-0.017	0.029	-0.019
2.0	0.017	-0.012	0.02	-0.014	0.024	-0.017	0.029	-0.019	0.032	-0.021
2.5	0.023	-0.014	0.027	-0.017	0.03	-0.02	0.035	-0.024	0.04	-0.027
3.0	0.027	-0.017	0.03	-0.02	0.035	-0.023	0.04	-0.027	0.045	-0.03
4.0	0.03	-0.02	0.035	-0.023	0.04	-0.027	0.045	-0.03	0.05	-0.035
5.0	0.035	-0.023	0.04	-0.027	0.045	-0.03	0.05	-0.035	0.06	-0.04
6.0	0.045	-0.03	0.05	-0.035	0.06	-0.04	0.07	-0.045	0.08	-0.05
8.0	0.06	-0.04	0.07	-0.045	0.08	-0.05	0.09	-0.055	0.1	-0.06

注：本表适用于电器仪表行业。当冲裁件精度要求不高时，表中数值可增大 25%～30%。

表 3 - 5   磨损系数 χ

材料厚度 t (mm)	非圆形			圆形	
	工件公差 Δ (mm)				
0 ~ 1	<0.16	0.17 ~ 0.35	≥0.36	<0.16	≥0.16
1 ~ 2	<0.20	0.21 ~ 0.41	≥0.42	<0.20	≥0.20
2 ~ 4	<0.24	0.25 ~ 0.49	≥0.50	<0.24	≥0.24
>4	<0.30	0.31 ~ 0.59	≥0.60	<0.30	≥0.30
χ	1	0.75	0.5	0.75	0.5

为了保证新冲模的间隙值，凸模和凹模制造公差必须保证：

$|\delta_{凸}| + |\delta_{凹}| \leq Z_{max} - Z_{min}$

当 $\delta_{凸}$、$\delta_{凹}$ 无现成资料时，一般可取 $\delta_{凸} = 0.25\Delta$，$\delta_{凹} = 2\delta_{凸}$。

例：图 3 - 8 为开瓶器零件图，计算 φ7 孔凸、凹模的刃口尺寸。

解：查表 3 - 2 可得 $Z_{min} = 0.120mm$，$Z_{max} = 0.150mm$。

对冲孔件尺寸 φ7 的凸、凹模偏差值查表 3 - 4 得：

$\delta_{凸} = -0.008$

$\delta_{凹} = +0.012$

$|\delta_{凸}| + |\delta_{凹}| = 0.02 \leq Z_{max} - Z_{min} = 0.03$

查表 3 - 5 得：

$\chi = 0.5$

所以冲孔件尺寸 φ7 的凸、凹模刃口尺寸为：

$d_{凸} = (d + \chi\Delta)^{0}_{-\delta_{凸}} = (7 + 0.5 \times 0.2)^{0}_{-0.008} = 7.1^{0}_{-0.008}$ (mm)

$d_{凹} = (d + \chi\Delta + Z_{min})^{+\delta_{凹}}_{0} = (7 + 0.5 \times 0.2 + 0.12)^{+0.012}_{0} = 7.22^{+0.012}_{0}$ (mm)

2）凸模与凹模配合加工。对冲制复杂或薄材料工件的模具，其凸、凹模通常采用配合加工的方法。

此方法是先做凸模或凹模中的一件，然后根据制作好的凸模或凹模的实际尺寸配做另一件，使它们之间达到最小合理间隙值。落料时，先做凹模，并以它作为基准配置凸模，保证最小合理间隙；冲孔时，先做凸模，并以它作为基准配置凹模，保证最小合理间隙。因此，只需在基准件上标注尺寸和公差，另一件只标注基本尺寸，并注明"凸模尺寸按凹模实际尺寸配制，保证间隙××"（落料时）；或"凹模尺寸按凸模实际尺寸配制，保证间隙××"（冲孔时）。这种方法，可放大基准件的制造公差，使其公差大小不再受凸、凹模间隙的限制，制造容易。对一些复杂的冲裁件，由于各部分尺寸的性质不同，凸、凹模刃口的磨损规律也不相同，所以基准件刃口尺寸的计算方法也不同。

表 3 - 6 列有凸、凹模刃口尺寸计算公式，落料件按凹模磨损后尺寸变大、变小和不变分为三种；冲孔件按凸模磨损后尺寸变小、变大和不变分为三种。

表 3-6　配合加工法凸、凹模尺寸及其公差的计算公式

工序性质	制件尺寸		凸模尺寸	凹模尺寸
落料	$A_{-\Delta}^{0}$		按凹模尺寸配制，其双面间隙为 $Z_{min} \sim Z_{max}$	$A_{凹} = (A - \chi\Delta)_{0}^{+0.25\Delta}$
	$B_{0}^{+\Delta}$			$B_{凹} = (B + \chi\Delta)_{-0.25\Delta}^{0}$
	C	$C_{0}^{+\Delta}$		$C_{凹} = (C + 0.5\Delta) \pm 0.125\Delta$
		$C_{-\Delta}^{0}$		$C_{凹} = (C - 0.5\Delta) \pm 0.125\Delta$
		$C \pm \Delta'$		$C_{凹} = C \pm 0.125\Delta$
冲孔	$A_{0}^{+\Delta}$		$A_{凸} = (A - \chi\Delta)_{-0.25\Delta}^{0}$	按凸模尺寸配制，其双面间隙为 $Z_{min} \sim Z_{max}$
	$B_{-\Delta}^{0}$		$B_{凸} = (B + \chi\Delta)_{-0.25\Delta}^{0}$	
	C	$C_{0}^{+\Delta}$	$C_{凸} = (C + 0.5\Delta) \pm 0.125\Delta$	
		$C_{-\Delta}^{0}$	$C_{凸} = (C - 0.5\Delta) \pm 0.125\Delta$	
		$C \pm \Delta'$	$C_{凸} = C \pm 0.125\Delta$	

注：落料件凹模磨损后尺寸变大（A类尺寸）、变小（B类尺寸）和不变（C类尺寸）；冲孔件凸模磨损后尺寸变小（A类尺寸）、变大（B类尺寸）和不变（C类尺寸）。

其中，$A_{凸}$，$B_{凸}$，$C_{凸}$ 为凸模刃口尺寸（mm）；$A_{凹}$，$B_{凹}$，$C_{凹}$ 为凹模刃口尺寸（mm）；A，B，C 为工件基本尺寸（mm）；Δ 为工件的公差（mm）；Δ' 为工件的偏差（mm），对称偏差时，$\Delta' = 0.2\Delta$；χ 为磨损系数。

例：上例开瓶器零件图中分别计算 R30、R150、R23、65 的凸、凹模刃口尺寸（mm）。

解：查表 3-2 可得 $Z_{min} = 0.120$mm，$Z_{max} = 0.150$mm。

R30、R150、65 均为落料工序。

①对落料件尺寸 R30，凹模磨损后其尺寸增大，查表 3-5 得：

$\chi = 0.5$

$R_{1凹} = (30 - 0.5 \times 0.2)_{0}^{+0.25 \times 0.2} = 29.9_{0}^{+0.05}$ （mm）

对应凸模尺寸按照凹模实际尺寸配制，保证间隙 $Z_{min} = 0.120$mm，$Z_{max} = 0.150$mm。

②对落料件尺寸 R150，凹模磨损后其尺寸减小，查表 3-5 得：

$\chi = 0.5$

$R_{2凹} = (150 + 0.5 \times 0.2)_{-0.25 \times 0.2}^{0} = 150.1_{-0.05}^{0}$ （mm）

对应凸模尺寸按照凹模实际尺寸配制，保证间隙 $Z_{min} = 0.120$mm，$Z_{max} = 0.150$mm。

③65 的尺寸为落料工序，凸、凹模的磨损对尺寸均无影响，查表 3-5 得：

$\chi = 0.5$

$L_{凹} = 65 \pm 0.125 \times 0.2 = 65 \pm 0.025$ （mm）

对应凸模尺寸按照凹模实际尺寸配制，保证间隙 $Z_{min} = 0.120$mm，$Z_{max} = 0.150$mm。

④R23 为冲孔工序，凸模磨损后其尺寸增大，查表 3-5 得：

$\chi = 0.5$

$R_{3凸} = (23 + 0.5 \times 0.2)_{-0.25 \times 0.2}^{0} = 23.1_{-0.05}^{0}$ （mm）

对应凹模尺寸按照凸模实际尺寸配制，保证间隙 $Z_{min} = 0.120mm$，$Z_{max} = 0.150mm$。

（三）排样设计

在冲压生产中，节约金属和减少废料具有非常重要的意义，特别是在大批量生产中，较好地确定冲件尺寸和合理排样是降低成本的有效措施之一。

1. 冲裁件的排样

排样是指冲件在条料、带料或板料上布置的方法。冲件的合理布置（即材料的经济利用），与冲件的外形有很大关系。

根据不同几何形状的冲件，可得出与其相适应的排样类型，而根据排样的类型，又可分为少或无工艺余料的排样与有工艺余料的排样，具体情况见表3-7。

表 3-7 排样方式

	有废料排样	少、无废料排样
直排		
斜排		
直对排		
斜对排		

	有废料排样	少、无废料排样
混合排	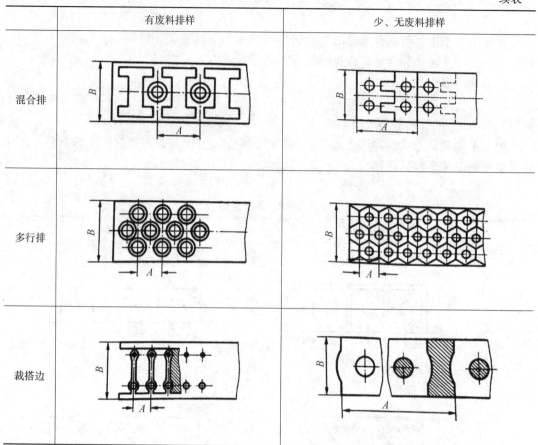	
多行排		
裁搭边		

考虑到开瓶器的特点与加工条件，采用直对排的排样。排样如图 3 – 10 所示：

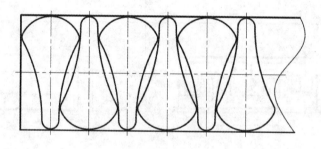

图 3 – 10　开瓶器排样方式

2. 搭边

排样时，冲件之间及冲件与条料侧边之间留下的余料叫搭边。它的作用是补偿定位误差，保证冲出合格的冲件，以及保证条料有一定刚度，便于送料。

搭边数值取决于以下因素：

（1）冲件的尺寸和形状。

（2）材料的硬度和厚度。

（3）排样的形式（直排、斜排、对排等）。

（4）条料的送料方法（是否有侧压板）。

（5）挡料装置的形式（包括挡料销、导料销和定距侧刃等的形式）。

搭边值是由经验决定的，目前常用的有数种，低碳钢搭边值可参看表3-8。

表3-8 搭边 a 和 a₁ 的数值（低碳钢）　　　　　单位：mm

材料厚度	圆件及圆角 r > 2t		矩形件边长 l≤50		矩形件边长 l > 50 或圆角 r≤2t	
	工件间 a	沿边 a₁	工件间 a	沿边 a₁	工件间 a	沿边 a₁
0.25 以下	1.8	2.0	2.2	2.5	2.8	3.0
0.25 ~ 0.5	1.2	1.5	1.8	2.0	2.2	2.5
0.5 ~ 0.8	1.0	1.2	1.5	1.8	1.8	2.0
0.8 ~ 1.2	0.8	1.0	1.2	1.5	1.5	1.8
1.2 ~ 1.6	1.0	1.2	1.5	1.8	1.8	2.0
1.6 ~ 2.0	1.2	1.5	1.8	2.5	2.0	2.2
2.2 ~ 2.5	1.5	1.8	2.0	2.2	2.2	2.5
2.5 ~ 3.0	1.8	2.2	2.2	2.5	2.5	2.8
3.0 ~ 3.5	2.2	2.5	2.5	2.8	2.8	3.2
3.5 ~ 4.0	2.5	2.8	2.5	3.2	3.2	3.5
4.0 ~ 5.0	3.0	3.5	3.5	4.0	4.0	4.5
5.0 ~ 12.0	0.6t	0.7t	0.7t	0.8t	0.8t	0.9t

3. 排样的注意事项

（1）冲裁件的工序顺序安排。

1）对于带孔或有缺口的冲裁件，采用单工序冲裁时，一般是落料工序在前，冲孔或冲缺口工序在后。若采用级进模连续冲裁，则应先冲缺口或孔，然后落料。

2）对于冲多孔的冲裁件，当孔间距、孔边距大于允许值时，最好落料与冲孔在一道复合工序中完成。若模具结构太复杂时，也可先落料后冲孔，用两道工序完成。

3）对于靠近工件边缘的孔，应安排先落料后冲孔，以防落料时的作用力过大而使孔变形。

4）若在工件上需冲制两个直径不同的孔，且其位置又较近时，应先冲大孔后冲小孔，以避免由于冲大孔时变形大而引起小孔变形。

5）若在工件上需冲制两个精度不同的孔，且其位置较近时，应先冲精度要求较低的孔，后冲精度要求较高的孔。

（2）排样注意事项。在冷冲压生产中，采用单工序模或复合模冲压时，其排样的合理性一般可以用材料利用率来衡量。当采用级进模冲压时，排样设计除了要考虑提高材料利用率以外，还必须注意以下几点：

1）公差要求较严的零件，排样时工步不宜太多，否则累积误差大，零件公差要求不易保证。

2）对孔间距较小的冲裁件，其孔可以分步冲出，以保证凹模孔壁的强度。

3）零件孔距公差要求较严格时，应尽量在同一工步冲出或在相邻工步冲出。

4）当凹模壁厚太小时，应增设空步，以提高凹模孔壁的强度。

5）尽量避免复杂型孔，对复杂外形零件的冲裁，可分步冲出，以减小模具制造难度。

6）当零件小而批量大时，应尽可能采用多工位级进模成型的排样法。

7）在零件较大的大量生产中，为了缩短模具的长度，可采用连续—复合成型的排样法。

8）对于要求较高或工步较多的冲件，为了减小定位误差，排样时可在条料两侧设置工艺定位孔，用导正销定位。

9）在级进模的连续成型排样中，如有切口翘角、起伏成型、翻边等成型工步时，一般应安排在落料前完成。

10）当材料塑性较差时，在有弯曲工步的连续成型排样中，必须使弯曲线与材料纹象成一定夹角。

4. 材料利用率

衡量材料经济利用的指标是材料利用率。一张板料上总的材料利用率为：

$$\eta = \frac{A \times n}{B \times L} \times 100\%$$

其中，A 为冲裁件面积（包括冲出孔在内）（mm²）；n 为冲裁件个数（个）；B 为板料宽度（mm）；L 为板料长度（mm）。用绘图软件计算得知：A = 3098mm²，n = 26 个。

又由排样图可知：B = 105mm，L = 976.8mm

材料利用率：$\eta = \dfrac{3098 \times 26}{105 \times 976.8} \times 100\% \approx 78.53\%$

因产品为大批量生产，板料规格可按需求定制，提高材料利用率，降低成本。

5. 排样图

排样图是排样设计最终的表达方式，是编制冲裁工艺与设计模具的重要工艺文件。图 3-11 为开瓶器排样图。

（四）冲裁工艺力的计算

为了合理地设计模具及选用设备，必须计算冲裁力。压力机的吨位必须大于所计算的冲裁力，以适应冲裁的要求。

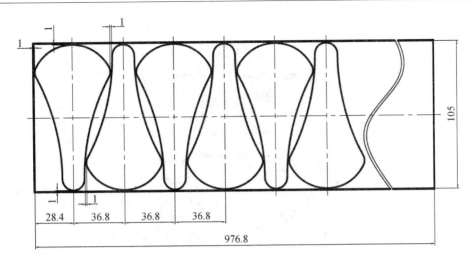

图 3-11 开瓶器排样图

平刃口模具冲裁时，其理论冲裁力（N）可按下式计算：

$F_0 = Lt\tau$

其中，L为冲裁件周长（mm）；t为材料厚度mm；τ为材料抗剪强度（MPa）。

选择设备吨位时，考虑刃口磨损和材料厚度及力学性能波动等因素，实际冲裁力可能增大，所以应取：

$F = 1.3F_0 = 1.3Lt\tau \approx Lt\sigma_b$

其中，F为最大可能冲裁力（称冲裁力）；σ_b为材料抗拉强度（MPa）。

（五）模具结构确定

1. 工艺方案确定

确定方案就是确定冲压件的工艺路线，主要包括冲压工序数，工序的组合和顺序等。确定合理的冲裁工艺方案，应进行全面的工艺分析与研究，比较其综合的经济技术效果，最终选择一个最佳方案。

该零件包括落料、冲孔两个基本工序，可以采用以下三种工艺方案：

（1）先落料，后冲孔，采用单工序模生产。

（2）落料—冲孔复合冲压，采用复合模生产。

（3）冲孔—落料连续冲压，采用级进模生产。

方案（1）模具结构简单，但需要两道工序和两套模具才能完成零件的加工，生产效率低，难以满足大批量的生产要求。方案（2）和方案（3）对于该零件都可以采用，但由于方案（2）模具成本更低，最后确定用复合冲裁的方式进行生产。

由工件尺寸可知，凸凹模壁厚大于最小壁厚，为便于操作，采用倒装复合模结构。

图 3-12 为开瓶器模具总装图。

由总装图可以看出，该模具的落料凹模安装在上模，故此模具为倒装式复合模。

此复合膜的主要结构零件如表 3-9 所示。

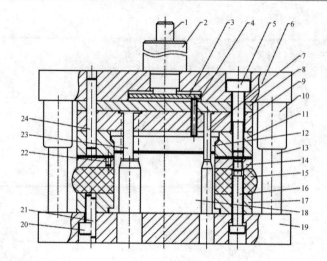

1—打料杆；2—模柄；3—三叉打板；4—三叉打料杆；5—螺钉；6—上模座；7—凸模Ⅰ；8—垫板；9—凸模
固定板；10—导套；11—凹模；12—推件块；13—导柱；14—卸料板；15—橡皮；16—卸料螺钉；17；凸凹
模固定板；18—凸凹模；19—下模座；20—螺钉；21—销钉；22—导料销；23—凸模Ⅱ；24—销钉

图 3-12 开瓶器模具总装图

表 3-9 开瓶器模具主要结构零件

结构名称	零件名称	总装图中序号	作用
工作零件	凸模Ⅰ	7	使材料发生分离或变形
	凹模	11	
	凸凹模	18	
	凸模Ⅱ	23	
定位零件	导料销	22	毛坯在模具上的定位
卸料装置	卸料板	14	卸下废料
	卸料螺钉	16	
导向零件	导套	10	保证上模与下模相对运动时有精确的导向，使凸模、凹模间有均匀的间隙，提高冲压件的质量
	导柱	13	
固定零件	模柄	2	使模具各部分组成一个整体，保证各零件间的相对位置，并使模具能安装在压力机上
	螺钉	5	
	上模座	6	
	垫板	8	
	凸模固定板	9	
	凸凹模固定板	17	
	下模座	19	
	螺钉	20	
	销钉	21	
	销钉	24	
缓冲零件	橡皮	15	缓冲、降低噪声

2. 模具的闭合高度

冲裁的闭合高度，是指滑块在下死点即模具在最低工作位置时，上模座上平面与下模座下平面之间的距离 H。冲模的闭合高度必须与压力机的装模高度相适应。压力机的装模高度，是指滑块在下死点位置时，滑块下端面至垫板上平面间的距离。当连杆调至最短时为压力机的最大装模高度 H_{max}；连杆调至最长时为最小装模高度 H_{min}。

冲模的闭合高度 H 应介于压力机的最大装模高度 H_{max} 和最小装模高度 H_{min} 之间，其关系为：

$$H_{max} - 5mm \geqslant H \geqslant H_{min} + 10mm$$

冲模的闭合高度大于压力机的最大装模高度时，冲模不能在该压力机上使用；反之，闭合高度小于压力机最小装模高度时，则可加经过磨平的垫板。

冲模的其他外形结构尺寸也必须和压力机相适应，如模具外形轮廓平面尺寸与压力机垫板、滑块底面尺寸，模柄与模柄孔尺寸，下模缓冲器平面尺寸与压力机垫板孔尺寸等，都必须相适应，如图 3-13 所示，模具才能正确安装和正常使用。

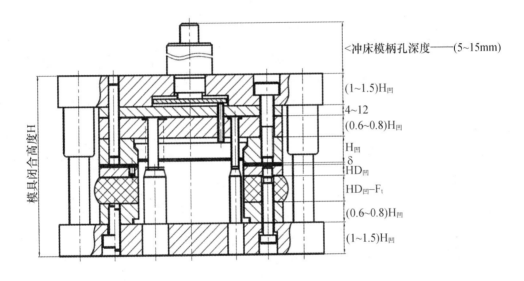

图 3-13　模具闭合高度示意图

（六）模具主要零部件的结构设计

1. 凹模的结构设计

开瓶器结构简单且精度低，所以凹模结构选择如图 3-14 所示的形式。

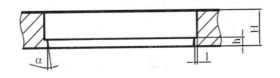

图 3-14　凹模结构

查表 3 – 10 可得 α = 15′，h = 8mm。

表 3 – 10   不同料厚的 α、β 和 h 值

主要参数 材料厚度 t（mm）	α	β	h（mm）	附注
< 0.5			≥4	
> 0.5 ~ 1	15′	2°	≥5	表中 α、β 值仅适用于钳工加工。电火花加工
> 1 ~ 2.5			≥6	时，α = 4′ ~ 20′（复杂模具取小值），β = 20′ ~
> 2.5 ~ 6	30′	3°	≥8	50′。带斜度装置的线切割时，β = 1° ~ 1.5°
> 6			—	

凹模厚度 H = Kb （≥15mm）

凹模壁厚 C = （1.5 ~ 2）H （≥30mm）

其中，b 为冲裁件的最大外形尺寸（mm）。K 为系数，考虑板料厚度的影响，其值见表 3 – 11。

表 3 – 11   系数 K 值

b（mm）	料厚 t（mm）				
	0.5	1	2	3	> 3
< 50	0.3	0.35	0.42	0.5	0.6
50 ~ 100	0.2	0.22	0.28	0.35	0.42
100 ~ 200	0.15	0.18	0.2	0.24	0.3
> 200	0.1	0.12	0.15	0.18	0.22

由开瓶器零件图可知 b = 103mm，t = 1.5mm，系数 K 值在 0.18 ~ 0.2，取 K = 0.19。

凹模厚度 H = Kb = 0.19 × 103 ≈ 20 （mm）

凹模壁厚 C = （1.5 ~ 2）H = （1.5 ~ 2）× 20 = 30 ~ 40（mm）

凹模一般采用螺钉和销钉固定在模座上，钉孔至刃口边及钉孔之间的距离要有足够的强度，即应有许可的承载能力，其最小值可参考表 3 – 12。

表 3 – 12   螺孔、销孔之间及其与刃口边的最小距离

螺纹孔	M4	M6	M8	M10	M12	M16	M20	M24

续表

A	淬火	8	10	12	14	16	20	25	30
	不淬火	6.5	8	10	11	13	16	20	25
B	淬火	5							
	不淬火	3							

销钉孔		φ2	φ3	φ4	φ5	φ6	φ8	φ10	φ12	φ16	φ20	φ25
C	淬火	5	6	7	8	9	11	12	15	16	20	25
	不淬火	3	3.5	4	5	6	7	8	10	13	16	20

2. 凸模的结构设计

由开瓶器的零件图可知，模具有两个凸模，凸模的结构如图 3 – 15 所示。

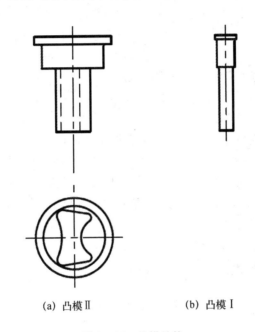

(a) 凸模Ⅱ　　　　　　　　(b) 凸模Ⅰ

图 3 – 15　凸模结构

凸模的截面尺寸由工件决定，长度应根据冲模的具体结构确定，应留有修磨余量，并且模具在闭合状态下卸料板至凸模固定板间应留有避免压手的安全距离。

3. 凸凹模的结构设计

复合模中至少有一个凸凹模，在开瓶器模具中有一个凸凹模。凸凹模的内外缘均为刃口，内外缘之间的壁厚取决于冲裁件的尺寸。从强度考虑，壁厚受其最小值的限制。凸凹模的最小壁厚受冲模结构影响，在开瓶器模具中，凸凹模安装于下模，因孔内会积存废料，所以最小壁厚要大些。

凸凹模的壁厚最小值，一般由经验数据决定，也可参考表 3 – 13。

查表 3 – 13 可知，开瓶器模具凸凹模最小壁厚 a = 3.8mm，最小直径 D = 21mm。

表 3 – 13   凸凹模最小壁厚 a

料厚 t	0.4	0.5	0.6	0.7	0.8	0.9	1.0	1.2	1.5	1.75
最小壁厚 a	1.4	1.6	1.8	2.0	2.3	2.5	2.7	3.2	3.8	4.0
最小直径 D	15					18			21	
料厚 t	2.0	2.1	2.5	2.75	3.0	3.5	4.0	4.5	5.0	5.5
最小壁厚 a	4.9	5.0	5.8	6.3	6.7	7.8	8.5	9.3	10.0	12.0
最小直径 D	21	25		28		32		35	40	45

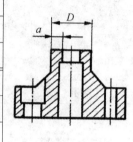

4. 定位零件的设计与标准

冲模的定位装置用以保证材料的正确送进及在冲模中的正确位置。使用条料时,保证条料送进导向的零件有导料销,保证条料进距的零件有挡料销。

(1) 导料销。导料销的作用是导正材料的送进方向。导料销一般用两个,压装在凹模上的为固定式,在卸料板上的为活动式,多用于单工序模和复合膜。

由开瓶器模具装配图可知,其导料销为活动式。

(2) 挡料销。挡料销用于限定条料送进距离、抵住条料的搭边或工作轮廓,起定位作用。挡料销有固定挡料销和活动挡料销两类。

固定挡料销分圆形与钩形两种,一般装在凹模上。圆形挡料销结构简单,制造容易,但销孔离凹模刃口较近,会削弱凹模强度。钩形挡料销销孔远离凹模刃口,不削弱凹模强度,但为防止形状不对称的钩头转动,需加定向销,因此增加了制造的工作量。

活动挡料销装于卸料板上并可以伸缩,销子要做出倒角或做出斜面,便于条料通过。

经分析开瓶器模具选用活动挡料销。

挡料销伸出的高度 h 可查表 3 – 14,得出 h = 3mm。

表 3 – 14   挡料销伸出高度

	材料厚度 t	挡料销高度 h
	0.3 ~ 2.0	3
	2.0 ~ 3.0	4
	3.0 ~ 4.0	4
	4.0 ~ 6.0	5
	6.0 ~ 10.0	8

5. 卸料与推件零件的设计

卸料装置的形式较多,有固定卸料板、活动卸料板、弹压卸料板和废料切刀等。

卸料板除把板料从凸模上卸下外,有时也起压料或为凸模导向的作用。因此,在大批量生产用的模具上,要用淬硬的卸料板。

固定卸料板:适用于冲制材料厚度大于和等于 0.8mm 的带料或条料。

悬臂卸料板：主要用于窄而长的冲件，在做冲孔和切口的冲模上使用。

弹压卸料板：主要用于冲制薄料和要求平整的冲件。

钩形卸料装置：适用于在空心工件底部冲孔时卸料用。

橡皮卸料装置：适用于薄材料的冲裁模上。

综上所述，开瓶器模具选用固定卸料板，固定卸料板的结构如图 3 - 16 所示。

6. 导向零件设计与标准

导向零件可保证模具冲压时上、下模有一精确的位置关系。在中、小型模具中最常用的导向零件是导柱和导套。

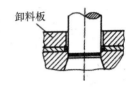

图 3 - 16　固定卸料板

导柱（导套）常用两个。对中型冲模或冲件精度高的自动化冲模，则采用四个导柱。在安装圆形等此类无方向性冲件的冲模时，为避免装错，将对角模架和中间模架上的两导柱做成直径不等；四导柱的模架，可做成前后导柱的间距不同的模座。可能产生侧向推力时，要设置止推块，使导柱不受弯曲力作用。

一般导柱安装在下模座，导套安装在上模座，分别采用过盈配合。高速冲裁、精密冲裁或硬质合金冲裁模具，要求采用滚珠导向结构。

开瓶器模具属于小型模具，精度要求一般，故采用两个导柱导套作为导向零件。

7. 模柄的选用

中、小型冲模通过模柄固定在压力机的滑块上。常用的模柄形式如下：

(1) 整体式模柄：模柄与上模座连成整体结构。一般用在无导向的模具上。

(2) 压入式模柄：压入式模柄与上模座孔采用 H7/m6 过渡配合，并加销钉防转。

(3) 旋入式模柄：旋入式模柄通过螺纹与模座连接，用螺钉放松，装卸方便，多用于有导柱的冲模。

(4) 凸缘模柄：凸缘模柄用 3～4 个螺钉固定在上模座的窝孔内，多用于较大型的模具。

(5) 浮动模柄：浮动模柄的凹球面模柄与凸球面垫块连接，装入压力滑块后，允许模柄与模柄轴心线之间的偏离，可减少滑块误差对模具导向精度的影响。

综上所述，开瓶器模具的模柄选择旋入式模柄。

8. 凸模固定板与垫板

凸模固定板将凸模固定在模座上，其平面轮廓尺寸除应保证凸模安装孔外，还要考虑螺钉与销钉孔的位置。其形式有圆形和矩形两种。厚度一般限制在凹模厚度的 0.6～0.8 倍。

垫板的作用是直接承受和扩散凸模传递的压力，以降低模座所受的单位压力，保证模座以免被凸模端面压陷。垫板厚度一般取 4～12mm。

9. 冲模模架的型号与选择

《冲模模架》标准是 1991 年 5 月 1 日由国家技术监督局批准并颁布实施的。该标准是在原《冷冲模》国家标准基础上修订的新标准。如表 3 - 15、表 3 - 16、表 3 - 17、表 3 - 18 所示。

表3-15 滑动导向对角导柱模架规格（一）

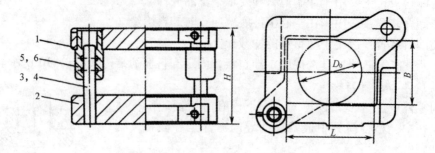

标记示例:

凹模周界 L = 200mm、B = 125mm，闭合高度 H = 170~205mm、I 级精度的对角导柱模架:

模架 200×125×170~205 I GB/T2851.1—90

凹模周界		闭合高度（参考）H		零件号、名称及标准编号					
				1	2	3	4	5	6
				上模座 GB/T2855.1—90	下模座 GB/T2855.2—90	导柱 GB/T2861.1—90		导套 GB/T2861.6—90	
				数量					
L	B	最小	最大	1	1	1	1	1	1
				规格					
63	50	100	115	63×50×20	63×50×25	16×90	18×90	16×60×18	18×60×18
		110	125			16×100	18×100		
		110	130	63×50×25	63×50×30	16×100	18×100	16×65×23	18×65×23
		120	140			16×110	18×110		
63		100	115	63×63×20	63×63×25	16×90	18×90	16×60×18	18×65×23
		110	125			16×100	18×100		
		110	130	63×63×25	63×63×30	16×100	18×100	16×65×23	18×70×28
		120	140			16×110	18×110		
80	63	110	130	80×63×25	80×63×30	18×100	20×100	18×65×23	18×65×23
		130	150			18×120	20×120		
		120	145	80×63×30	80×63×40	18×110	20×110	18×70×28	18×70×28
		140	165			18×130	20×130		
100		110	130	100×63×25	100×63×30	18×100	20×100	18×65×23	18×65×23
		130	150			18×120	20×120		
		120	145	100×63×30	100×63×40	18×110	20×110	18×70×28	18×70×28
		140	165			18×130	20×130		
80	80	110	130	80×80×25	80×80×30	20×100	20×100	20×65×23	22×65×23
		130	150			20×120	20×120		
		120	145	80×80×30	80×80×40	20×110	20×110	20×70×28	22×70×28
		140	165			20×130	20×130		

续表

凹模周界		闭合高度(参考)H		零件号、名称及标准编号					
				1	2	3	4	5	6
				上模座 GB/T2855.1—90	下模座 GB/T2855.2—90	导柱 GB/T2861.1—90		导套 GB/T2861.6—90	
				数量					
L	B	最小	最大	1	1	1	1	1	1
				规格					
100	80	110	130	100×80×25	100×80×30	20×100	20×100	20×65×23	22×65×23
		130	150			20×120	20×120		
		120	145	80×80×30	100×80×40	20×110	20×110	20×70×28	22×70×28
		140	165			20×130	20×130		
125	80	110	130	125×80×25	125×80×30	20×100	20×100	20×65×23	22×65×23
		130	150			20×120	20×120		
		120	145	125×80×30	125×80×40	20×110	20×110	20×70×28	22×70×28
		140	165			20×130	20×130		
100	100	110	130	100×100×25	100×100×30	20×100	20×100	20×65×23	22×65×23
		130	150			20×120	20×120		
		120	145	100×100×30	100×100×40	20×110	20×110	20×70×28	22×70×28
		140	165			20×130	20×130		
125	100	120	150	125×100×30	125×100×35	22×110	25×110	22×70×28	25×80×28
		140	165			22×130	25×130		
		140	170	125×100×35	125×100×45	22×130	25×130	22×80×33	25×80×33
		160	190			22×150	25×150		
160	100	140	170	160×100×35	160×100×40	25×130	28×130	25×85×33	28×85×33
		160	190			25×150	28×150		
		160	195	160×100×40	160×100×50	25×150	28×150	25×90×38	28×90×38
		190	225			25×180	28×180		
200	100	140	170	200×100×35	200×100×40	25×130	28×130	25×85×38	28×85×38
		160	190			25×150	28×150		
		160	195	200×100×40	200×100×50	25×150	28×150	25×90×38	28×90×38
		190	225			25×180	28×180		

凹模周界		闭合高度（参考）H		零件号、名称及标准编号					
				1	2	3	4	5	6
				上模座 GB/T2855.1—90	下模座 GB/T2855.2—90	导柱 GB/T2861.1—90	导柱 GB/T2861.1—90	导套 GB/T2861.6—90	导套 GB/T2861.6—90
				数量					
L	B	最小	最大	1	1	1	1	1	1
				规格					
125	125	120	150	125×125×30	125×125×35	22×110	25×110	22×80×28	25×80×28
		140	165			22×130	25×130		
		140	170	125×125×35	125×125×45	22×130	25×130	22×80×33	25×85×33
		160	190			22×150	25×150		
160	125	140	170	160×125×35	160×125×40	25×130	28×130	25×85×33	28×85×33
		160	190			25×150	28×150		
		170	205	160×125×40	160×125×50	25×160	28×160	25×95×38	28×95×38
		190	225			25×180	28×180		
200	125	140	170	200×125×35	200×125×40	25×130	28×130	25×85×33	28×85×33
		160	190			25×150	28×150		
		170	205	200×125×40	200×125×50	25×160	28×160	25×95×38	28×95×38
		190	225			25×180	28×180		
250	125	160	200	250×125×40	250×125×45	28×150	32×150	28×100×38	32×100×38
		180	220			28×170	32×170		
		190	235	250×125×45	250×125×55	28×180	32×180	28×110×43	32×110×43
		210	255			28×200	32×200		
160	160	160	200	160×160×40	160×160×45	150	150	100×38	100×38
		180	220			170	170		
		190	235	160×160×45	160×160×50	180	180	110×43	110×43
		210	255			200	200		
200	160	160	200	200×160×40	200×160×45	150	150	100×38	100×38
		180	220			170	170		
		190	235	200×160×45	200×160×50	180	180	110×43	110×43
		210	255			200	200		
250	160	170	210	250×160×45	250×160×50	32×160	35×160	32×105×43	35×105×43
		200	240			32×190	35×190		
		200	245	250×160×50	250×160×60	32×190	35×190	32×115×48	35×115×48
		220	265			32×210	35×210		

续表

凹模周界		闭合高度（参考）H		零件号、名称及标准编号					
				1	2	3	4	5	6
				上模座 GB/T2855.1—90	下模座 GB/T2855.2—90	导柱 GB/T2861.1—90		导套 GB/T2861.6—90	
				数量					
L	B	最小	最大	1	1	1	1	1	1
				规格					
200		170	210	200×200×45	200×200×50	32×160	35×160	32× 105×43	35× 105×43
		200	240			32×190	35×190		
		200	245	200×200×50	200×200×60	32×190	35×190	115×48	115×48
		220	265			32×210	35×210		
250	200	170	210	250×200×45	250×200×50	32×160	35×160	105×43	105×43
		200	240			32×190	35×190		
		200	245	250×200×50	250×200×60	32×190	35×190	115×48	115×48
		220	265			32×210	35×210		
315		190	230	315×200×45	315×200×55	35×180	40×180	115×43	115×43
		220	260			35×210	40×210		
		210	255	315×200×50	315×200×65	35×200	40×200	125×48	125×48
		240	285			35×230	40×230		
250		190	230	250×250×45	250×250×55	35×180	40×180	115×43	115×43
		220	260			35×210	40×210		
		270	255	250×250×50	250×250×65	35×200	40×200	125×48	125×48
		240	285			35×230	40×230		
315	250	215	250	315×250×50	315×250×60	40×200	45×200	125×48	125×48
		245	280			40×230	45×230		
		245	290	315×250×55	315×250×70	40×230	45×230	140×53	140×53
		275	320			40×260	45×260		
400		215	250	400×250×50	400×250×60	200	200	125×48	125×48
		245	280			230	230		
		245	290	400×250×55	400×250×70	230	230	140×53	140×53
		275	320			260	260		
315		215	250	315×315×50	315×315×60	200	200	125×48	125×48
		245	280			230	230		
	315	245	290	315×315×55	315×315×70	45×230	50×230	45× 140×53	50× 140×53
		275	320			45×260	50×260		
400		245	290	400×315×55	400×315×65	230	230	140×58	140×58
		275	315			260	260		

续表

凹模周界		闭合高度(参考)H		零件号、名称及标准编号					
				1	2	3	4	5	6
				上模座 GB/T2855.1—90	下模座 GB/T2855.2—90	导柱 GB/T2861.1—90		导套 GB/T2861.6—90	
				数量					
L	B	最小	最大	1	1	1	1	1	1
				规格					
400		275	320	400×315×60	400×315×75	260	260	150×58	150×58
		305	350			290	290		
500		245	290	500×315×55	500×315×65	230	230	140×53	140×53
		275	315			260	260		
		275	320	500×315×60	500×315×75	260	260	150×58	150×58
		305	350			290	290		
400	315	245	290	400×400×55	400×400×65	230	230	140×53	140×53
		275	315			260	260		
		275	320	400×400×60	400×400×75	260	260	150×58	150×58
		305	350			290	290		
630		240	280	630×400×55	630×400×65	220	220	150×53	150×53
		270	305			250	250		
		270	310	630×400×65	630×400×65	250	250	160×63	160×63
		300	340			280	280		
						50×	55×	50×	55×
500	500	260	300	500×500×55	500×500×65	240	240	150×53	150×53
		290	325			270	270		
		290	330	500×500×65	500×500×80	270	270	160×63	160×63
		320	360			300	300		

表 3 – 16 滑动导向后侧导柱模架规格（二）

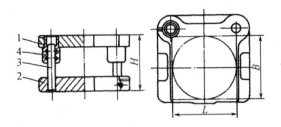

标记示例:

凹模周界 L = 200mm、B = 125mm，闭合高度 H = 170 ~ 205mm、I 级精度的后侧导柱模架:

模架 200 × 125 × 170 ~ 205 I GB/T 2851.3—90

凹模周界		闭合高度 H（参考）		零件号、名称及标准编号			
				1	2	3	4
				上模座 GB/T2855.5—90	下模座 GB/T2855.6—90	导柱 GB/T2861.1—90	导套 GB/T2861.6—90
				数量			
				1	1	2	2
L	B	最小	最大	规格			
63	50	100	115	63 × 50 × 20	63 × 50 × 25	90	60 × 18
		110	125			100	
		110	130	63 × 50 × 25	63 × 50 × 30	100	65 × 23
		120	140			110	
63	63	100	115	63 × 63 × 20	63 × 63 × 25	90	60 × 18
		110	125			100	
		110	130	63 × 63 × 25	63 × 63 × 30	100	65 × 23
		120	140			110	
80	63	110	130	80 × 63 × 25	80 × 63 × 30	100	65 × 23
		130	150			120	
		120	145	80 × 63 × 30	80 × 63 × 40	110	70 × 28
		140	165			130	
100	63	110	130	100 × 63 × 25	100 × 63 × 30	100	65 × 23
		130	150			120	
		120	145	100 × 63 × 30	100 × 63 × 40	110	70 × 28
		140	165			130	
80	80	110	130	80 × 80 × 25	80 × 80 × 30	100	65 × 23
		130	150			120	
		120	145	80 × 80 × 30	80 × 80 × 40	110	70 × 28
		140	145			130	

注：导柱规格列为 16 ×、18 ×、20 ×；导套规格列为 6 ×、18 ×、20 ×。

续表

凹模周界		闭合高度 H（参考）		零件号、名称及标准编号			
				1	2	3	4
				上模座 GB/T2855.5—90	下模座 GB/T2855.6—90	导柱 GB/T2861.1—90	导套 GB/T2861.6—90
				数量			
				1	1	2	2
L	B	最小	最大	规格			
100	80	110	130	100×80×25	100×80×30	20×110	22×65×23
		130	150			20×120	
		120	145	100×80×30	100×80×40	20×110	22×70×28
		140	165			20×130	
125		110	130	125×80×25	125×80×30	20×110	22×65×23
		130	150			20×120	
		120	145	125×80×30	125×80×40	20×110	22×70×28
		140	165			20×130	
100	100	110	130	100×100×25	100×100×30	20×110	22×65×23
		130	150			20×120	
		120	145	100×100×30	100×100×40	20×110	22×70×28
		140	165			20×130	
125		120	150	125×100×30	125×100×35	22×110	22×80×28
		140	165			22×130	
		140	170	125×100×35	125×100×45	22×130	22×80×33
		160	190			22×150	
160		140	170	160×100×35	160×100×40	25×130	25×85×33
		160	190			25×150	
		160	195	160×100×40	160×100×50	25×150	25×90×38
		190	225			25×180	
200		140	170	200×100×35	200×100×50	25×130	25×85×38
		160	190			25×150	
		160	195	200×100×40	200×100×50	25×150	25×90×38
		190	225			25×180	
125	125	120	150	125×125×30	125×125×35	22×110	22×80×28
		140	165			22×130	
		140	170	125×125×35	125×125×45	22×130	22×85×33
		160	190			22×150	
160		140	170	160×125×35	160×125×40	25×130	25×85×33
		160	190			25×150	

续表

凹模周界		闭合高度 H（参考）		1 上模座 GB/T2855.5—90	2 下模座 GB/T2855.6—90	3 导柱 GB/T2861.1—90	4 导套 GB/T2861.6—90
				数量			
				1	1	2	2
L	B	最小	最大	规格	规格	规格	规格
160	125	170	205	160×125×45	160×125×50	25×160	25×95×38
		190	225			25×180	
200	125	140	170	200×125×35	200×125×40	25×130	25×85×33
		160	190			25×150	
		170	205	200×125×40	200×125×50	25×160	25×95×38
		190	225			25×180	
250	125	160	200	250×125×40	250×125×45	25×150	25×100×38
		180	220			25×170	
		190	235	250×125×45	250×125×55	25×180	25×110×43
		210	255			25×200	
160	160	160	200	160×160×40	160×160×45	28×150	28×100×38
		180	220			28×170	
		190	235	160×160×45	160×160×55	28×180	28×110×43
		210	255			28×200	
200	160	160	200	200×160×40	200×160×45	28×150	28×100×38
		180	220			28×170	
		190	235	200×160×45	200×160×55	28×180	28×110×43
		210	255			28×200	
250	160	170	210	250×160×45	250×160×50	32×160	32×105×43
		200	240			32×190	
		200	245	250×160×50	250×160×60	32×190	32×115×48
		220	265			32×210	
200	200	170	210	200×200×45	200×200×50	35×160	35×105×43
		200	240			35×190	
		200	245	200×200×50	200×200×60	35×190	35×115×48
		220	265			35×210	
250	200	170	210	250×200×45	250×200×50	35×160	35×105×43
		200	240			35×190	
		200	245	250×200×50	250×200×60	35×190	35×115×48
		220	265			35×210	

续表

凹模周界		闭合高度 H（参考）		零件号、名称及标准编号			
				1	2	3	4
				上模座 GB/T2855.5—90	下模座 GB/T2855.6—90	导柱 GB/T2861.1—90	导套 GB/T2861.6—90
				数量			
L	B	最小	最大	1	1	2	2
				规格			
315	200	190	230	315×200×45	315×200×55	35×150	115×43
		220	260			35×210	
		210	255	315×200×50	315×200×65	35×200	125×48
		240	285			35×230	
250	200	190	230	250×250×45	250×250×55	35×180	115×43
		220	260			35×210	
		270	255	250×250×50	250×250×65	35×200	125×48
		240	285			35×230	
315	250	215	250	315×250×50	315×250×60	40×200	125×48
		245	280			40×230	
		245	290	315×250×55	315×250×70	40×230	140×53
		275	320			40×260	
400	250	215	250	400×250×50	400×250×60	40×200	125×48
		245	280			40×230	
		245	290	400×250×55	400×250×70	40×230	140×53
		275	320			40×260	

表 3-17　滑动导向中间导柱圆形模架规格（三）

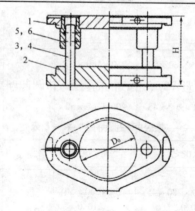

标记示例：

凹模周界 $D_0 = 200mm$、闭合高度 $H = 200 \sim 245mm$、Ⅰ级精度的中间导柱圆形模架：

模架 $200 \times 200 \sim 245$ Ⅰ GB/T2851.6—90

续表

凹模周界	闭合高度H（参考）		零件号、名称及标准编号					
			1	2	3	4	5	6
			上模座 GB/T 2855.11—90	下模座 GB/T 2855.12—90	导柱 GB/T2861.1—90		导套 GB/T2861.6—90	
			数量					
			1	1	1	1	1	1
D_0	最小	最大	规格					
63	100	115	63×20	63×25	16×90	18×90	16×60×18	18×60×18
	110	125	63×20	63×25	16×100	18×100	16×60×18	18×60×18
	110	130	63×25	63×30	16×100	18×100	16×65×23	18×65×23
	120	140	63×25	63×30	16×110	18×110	16×65×23	18×65×23
80	110	130	80×25	80×30	20×100	22×100	20×65×23	22×65×23
	130	150	80×25	80×30	20×120	22×120	20×65×23	22×65×23
	120	145	80×30	80×40	20×110	22×110	20×70×28	22×70×28
	140	165	80×30	80×40	20×130	22×130	20×70×28	22×70×28
100	110	130	100×25	100×30	20×100	22×100	20×65×23	22×65×23
	130	150	100×25	100×30	20×120	22×120	20×65×23	22×65×23
	120	145	100×30	100×40	20×110	22×110	20×70×28	22×70×28
	140	165	100×30	100×40	20×130	22×130	20×70×28	22×70×28
125	120	150	125×30	125×35	22×110	25×110	22×80×28	25×80×28
	140	165	125×30	125×35	22×130	25×130	22×80×28	25×80×28
	140	170	125×35	125×45	22×130	25×130	22×85×33	25×85×33
	160	190	125×35	125×45	22×150	25×150	22×85×33	25×85×33
160	160	200	160×40	160×45	28×150	32×150	28×100×38	32×100×38
	180	220	160×40	160×45	28×170	32×170	28×100×38	32×100×38
	190	235	160×45	160×55	28×180	32×180	28×110×43	32×110×43
	210	255	160×45	160×55	28×200	32×200	28×110×43	32×110×43
200	170	210	200×45	200×50	32×160	35×160	32×105×43	35×105×43
	200	240	200×45	200×50	32×190	35×190	32×105×43	35×105×43
	200	245	200×50	200×60	32×190	35×190	32×115×48	35×115×48
	220	265	200×50	200×60	32×210	35×210	32×115×48	35×115×48

续表

凹模周界			零件号、名称及标准编号					
	闭合高度 H （参考）		1	2	3	4	5	6
			上模座 GB/T 2855.11—90	下模座 GB/T 2855.12—90	导柱 GB/T2861.1—90	导柱 GB/T2861.1—90	导套 GB/T2861.6—90	导套 GB/T2861.6—90
			数量					
D_0	最小	最大	1	1	1	1	1	1
			规格					
250	190	230	250×45	250×55	35×180	40×180	35×115×43	40×115×43
	220	260			210	210		
	210	255	250×50	250×65	200	200	125×48	125×48
	240	280			230	230		
315	215	250	315×50	315×60	45×200	50×200	45×125×48	50×125×48
	245	280			230	230		
	245	290	315×55	315×70	230	230	140×53	140×53
	275	320			260	260		
400	245	290	400×55	400×65	45×230	50×230	45×140×53	50×140×53
	275	315			260	260		
	275	320	400×60	400×75	260	260	150×58	150×58
	305	350			290	290		
500	260	300	500×55	500×65	50×240	55×240	50×150×53	55×150×53
	290	325			270	270		
	290	330	500×65	500×80	270	270	160×63	160×63
	320	360			300	300		
630	270	310	630×60	630×70	55×250	60×250	55×160×58	60×160×58
	300	340			280	280		
	310	350	630×75	630×90	290	290	170×73	170×73
	340	380			320	320		

表 3 - 18　四导柱模架规格（四）

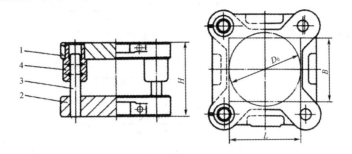

标记示例：

凹模周界 L = 250mm、B = 200mm、闭合高度 H = 200 ~ 245mm、I 级精度的四导柱模架：

模架 250 × 200 × 200 ~ 245 I GB/T2851.7—90

凹模周界			闭合高度 H（参考）		零件号、名称及标准编号			
					1	2	3	4
					上模座 GB/T2855.13—90	下模座 GB/T2855.14—90	导柱 GB/T2861.1—90	导套 GB/T2861.6—90
					数量			
					1	1	4	4
L	B	D_0	最小	最大	规格			
160	125	160	140	170	160 × 125 × 35	160 × 125 × 40	25 ×	130	25 ×	85 × 33
			160	190				150		
			170	205	160 × 125 × 40	160 × 125 × 50		160		95 × 38
			190	225				180		
200	160	200	160	200	200 × 160 × 40	200 × 160 × 45	28 ×	150	28 ×	100 × 38
			180	220				170		
			190	235	200 × 160 × 45	200 × 160 × 55		180		110 × 43
			210	255				200		
250		—	170	210	250 × 160 × 45	250 × 160 × 50	32 ×	160	32 ×	105 × 43
			200	230				190		
			200	245	250 × 160 × 50	250 × 160 × 60		190		115 × 48
			220	265				210		
250	200	250	170	210	250 × 200 × 45	250 × 200 × 50		160		105 × 43
			200	230				190		
			200	245	250 × 200 × 50	250 × 200 × 60		190		115 × 48
			220	265				210		
315		—	190	230	315 × 200 × 45	315 × 200 × 55	35 ×	180	35 ×	115 × 43
			220	260				210		
			210	255	315 × 200 × 50	315 × 200 × 65		200		125 × 48
			240	285				230		
315	250	—	215	250	315 × 250 × 50	315 × 250 × 60	40 ×	200	40 ×	125 × 48
			245	280				230		
			245	290	315 × 250 × 55	315 × 250 × 70		230		140 × 53
			275	320				260		
400			215	250	400 × 250 × 50	400 × 250 × 60		200		125 × 48
			245	280				230		
			245	290	400 × 250 × 55	400 × 250 × 70		230		140 × 53
			275	320				260		

凹模周界			闭合高度 H（参考）		零件号、名称及标准编号			
					1 上模座 GB/T2855.13—90	2 下模座 GB/T2855.14—90	3 导柱 GB/T2861.1—90	4 导套 GB/T2861.6—90
					数量			
					1	1	4	4
L	B	D_0	最小	最大	规格			
400	315	—	245	290	400×315×55	400×315×65	45×230	45×140×53
			275	315			45×260	
			275	320	400×315×60	400×815×75	45×260	45×150×58
			305	350			45×290	
500	315	—	245	290	500×315×55	500×315×65	45×230	45×140×53
			275	315			45×260	
			275	320	500×315×60	500×315×75	45×260	45×150×58
			305	350			45×290	
630	315	—	260	300	630×315×55	630×315×65	45×240	45×150×53
			290	325			45×270	
			290	330	630×315×65	630×315×80	45×270	45×160×63
			320	360			45×300	
500	400	—	260	300	500×400×55	500×400×65	50×240	50×150×53
			290	325			50×270	
			290	330	500×400×65	500×400×80	50×270	50×160×63
			320	360			50×300	
630	400	—	260	300	630×400×55	630×400×65	50×240	50×150×53
			290	325			50×270	
			290	330	630×400×65	630×400×80	50×270	50×160×63
			320	360			50×300	

因为开瓶器模具具有一定精度要求，条料位于模具其中一侧进料，综合分析选择后侧导柱模架。

已知 $H_凹 = 20mm$，由图 3-15 计算可得表 3-19 模具高度 $H = 140 \sim 170mm$

综合以上条件以及工件本身大小，查表得出应选择如下模架：

表 3-19 开瓶器模架信息

凹模周界			闭合高度 H		零件号、名称及标准编号			
					1 上模座 GB/T2855.5	2 下模座 GB/T2855.6	3 导柱 GB/T2861.1	4 导套 GB/T2861.6
					数量			
					1	1	2	2
L	B	最小	最大		规格			
200	100	140	170		200×100×35	200×100×40	25×130	25×85×33

10. 橡胶垫的选用

为保证橡胶垫不过早失去弹性而损坏，其允许的最大压缩量不得超过自由高度的45%，一般取 $h_总 = (0.35 \sim 0.45) h_{自由}$。橡胶垫的预压缩量一般取自由高度的 $10\% \sim 15\%$，即 $h_预 = (0.10 \sim 0.15) h_{自由}$。有：

$$h_{工作} = h_总 + h_预$$

故工作行程：

$$h_{工作} = h_总 - (0.1 \sim 0.15) h_{自由}$$

由工作行程可计算出橡胶垫自由高度：

$$h_{自由} = h_{工作} / (0.25 \sim 0.30)$$

其中，$h_{自由}$ 为橡胶垫自由高度（mm）；$h_{工作}$ 为所需工作行程（mm）。

11. 冲裁模典型组合及其尺寸

模具的结构按不同的卸料方法（刚性卸料和弹性卸料）、送料方向（横向送料和纵向送料）、凹模的形状（矩形和圆形）、凹模的厚薄（厚凹模和薄凹模）等有多种组合。

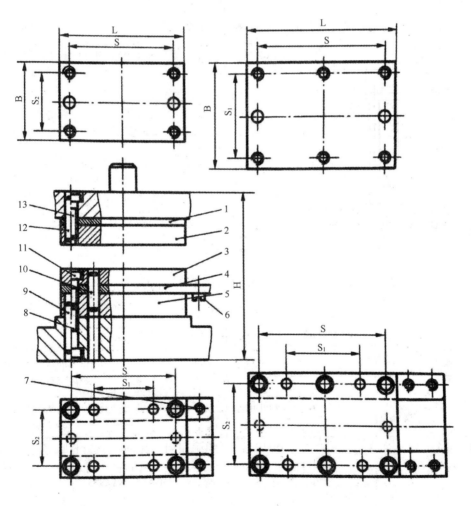

1—垫板；2—固定板；3—卸料板；4—导料板；5—凹模；
6—承料板；7，8，11，12，13—螺钉；9，10—圆柱销

图3-17 固定卸料横向送料典型组合

表3-20 固定卸料横向送料典型组合尺寸（GB2871.4-81）

凹模周界		L	100	80	100	125	100	125	160	200
		B	63	80	80	80	100	100	100	100
凸模长度			50	50	50	50	50	55	60	60
配用模架 闭合高度 H		最小	120	120	120	120	120	140	160	160
		最大	145	145	145	145	145	170	195	195
孔距		S	82	56	76	101	76	101	136	176
		S_1	50	28	40	65	40	65	70	100
		S_2	45	56	56	56	76	76	76	76
件号和名称	1 垫板厚度	数量 1	4	4	4	4	4	6	6	6
	2 固定板厚度	1	14	14	14	14	14	16	18	18
	3 卸料板厚度	1	10	10	10	10	10	12	14	14
	4 导料板厚度	2	120	100	120	145	140	165	200	240
	5 凹模厚度	1	20	20	20	20	20	22	25	25
	6 承料板 长×宽×高	1	63×20×2	80×30×2	80×30×2	80×30×2	100×40×2	100×40×2	100×40×2	100×40×2
	7 螺钉	2	M5×8	M5×8	M5×8	M5×8	M6×10	M6×10	M6×10	M6×10
		4								
	8 螺钉	4	M6×40	M8×40	M8×40	M8×45	M8×45	M8×50		
		6							M8×55	M8×55
	9 圆柱销	2	6×45	8×45	8×45	8×50	8×50	8×55	8×60	8×50
	10	4	5×30	6×30	6×30	6×35	6×35	6×35	6×35	6×40
	11 螺钉	4	M6×20	M8×20	M8×20	M8×20	M8×20	M8×20		
		6							M8×25	M8×25
	12 圆柱销	2	6×35	8×35	8×35	8×40	8×40	8×45	8×50	8×55
	13 螺钉	4	M6×35	M6×35	M6×35	M6×35	M6×35	M6×35		
		6							M8×50	M8×50

续表

凹模周界	L		125	160	200	250	160	200	250	300
	B		125	125	125	125	160	160	160	200
凸模长度			55	60	60	60	65	65	70	70
配用模架闭合高度 H	最小		140	170	170	190	190	190	200	200
	最大		170	205	205	235	235	235	245	245
孔距	S		95	130	170	220	124	164	214	164
	S_1		55	70	100	130	60	90	130	90
	S_2		95	95	95	95	124	124	124	124
件号和名称	1	垫板厚度	1	6	6	6	8	8	8	8	8
	2	固定板厚度	1	16	18	18	20	20	20	22	22
	3	卸料板厚度	1	12	14	14	16	16	16	18	18
	4	导料板厚度	2	165	200	240	290	220	260	310	260
	5	凹模厚度	1	22	25	25	28	28	28	32	32
	6	承料板长×宽×高	1	125×40×2	125×40×2	125×40×2	125×40×2	160×60×3	160×60×3	160×60×3	200×60×3
	7	螺钉	2	M6×10	M6×10	M6×10	M6×10				
			4					M6×12	M6×12	M6×12	M6×12
	8	螺钉	4	M10×45	M10×50			M12×55	M12×55		
			6		M10×55	M10×55				M12×65	M12×65
	9	圆柱销	2	10×50	10×60	10×60	10×60	12×60	12×60	12×70	12×70
	10		4	8×40	8×40	8×40	8×40	10×45	10×45	10×50	10×50
	11	螺钉	4	M10×25	M10×25			M12×30	M12×30		
			6		M10×25	M10×25				M12×30	M12×30
	12	圆柱销	2	10×45	10×55	10×55	10×55	12×60	12×60	12×70	12×70
	13	螺钉	4	M10×45	M10×50			M12×60	M12×60		
			6		M10×50	M10×60				M12×65	M12×65

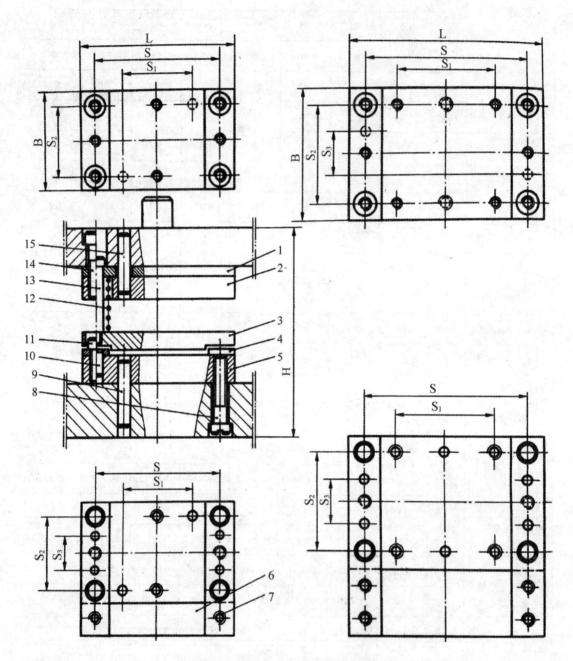

1—垫板；2—固定板；3—卸料板；4—导料板；5—凹模；6—承料板；
7，8，11，14—螺钉；9，10，15—圆柱销；12—弹簧；13—卸料螺钉

图 3-18　弹压卸料纵向送料典型组合

表 3-21　弹压卸料纵向送料典型组合尺寸（GB2872.—81）

件号和名称		数量								
凹模周界	L		100	80	100	125	100	125	160	200
	B		63	80	80	80	100	100	100	100
凸模长度			42	42	42	42	42	48	56	56
配用模架闭合高度 H	最小		110	110	110	110	110	120	140	140
	最大		130	130	130	130	130	150	170	170
孔距	S		82	56	76	101	76	101	136	176
	S_1		50	28	40	65	40	65	70	100
	S_2		21	28	28	28	40	40	40	40
1	垫板厚度	1	4	4	4	4	4	6	6	6
2	固定板厚度	1	14	14	14	14	14	16	16	18
3	卸料板厚度	1	12	12	12	12	12	14	16	16
4	导料板厚度	2	83	100	100	100	140	140	140	160
5	凹模厚度	1	14	14	14	14	14	16	18	18
6	承料板 长×宽×高	1	100×20×2	80×20×2	100×20×2	125×20×2	100×40×2	125×40×2	160×40×3	200×40×3
7	螺钉	2	M5×8	M5×8	M5×8	M5×8	M6×10	M6×10	M6×10	M6×10
		4								
8	螺钉	4	M6×30	M8×35	M8×35	M8×35	M8×35	M8×40		
		6							M8×45	M8×45
9	圆柱销	2	6×30	8×35	8×35	8×35	8×35	8×40	8×45	8×45
10	圆柱销	4	5×16	6×16	6×16	6×20	6×20	6×20	6×20	6×20
11	螺钉	4	M6×16	M8×16	M8×16	M8×20	M8×20	M8×20	M8×20	M8×20
12	弹簧	4 / 6	设计选用							
13	卸料螺钉	4	6×35	8×35	8×35	8×35	8×35	8×42		
		6							8×48	8×48
14	螺钉	4	M6×35	M8×35	M8×35	M8×35	M8×35	M8×40		
		6							M8×45	M8×45
15	圆柱销	2	6×40	8×40	8×40	8×35	8×35	8×40	8×45	8×45

续表

凹模周界		L	125	160	200	250	160	200	250	300
		B	125	125	125	125	160	160	160	200
凸模长度			48	56	56	58	58	58	65	65
配用模架闭合高度 H		最小	120	140	140	160	160	160	170	170
		最大	150	170	170	200	200	200	210	210
孔距		S	95	130	170	220	124	164	214	164
		S_1	55	70	100	130	60	90	130	90
		S_2	95	95	95	95	124	124	124	164
		S_3	55	55	55	55	60	60	60	90
件号和名称		数量								
1	垫板厚度	1	6	6	6	8	8	8	8	8
2	固定板厚度	1	18	18	18	20	20	20	22	22
3	卸料板厚度	1	14	16	16	18	18	18	20	20
4	导料板厚度	2	165	165	165	165	220	220	220	260
5	凹模厚度	1	16	18	18	20	20	20	22	22
6	承料板 长×宽×高	1	125×40×2	160×40×3	200×40×3	250×40×3	160×60×3	200×60×3	250×60×4	200×60×3
7	螺钉	2	M6×10	M6×10	M6×10	M6×10				
		4					M6×12	M6×12	M6×12	M6×12
8	螺钉	4	M10×40	M10×45			M12×55	M12×55		
		6			M10×45	M10×55			M12×60	M12×60
9	圆柱销	2	10×40	10×45	10×45	10×50	12×50	12×50	12×60	12×60
10	圆柱销	4	8×20	8×20	8×20	8×20	10×20	10×20	10×25	10×25
11	螺钉	4	M10×20	M10×20	M10×20	M10×20	M12×20	M12×20	M12×25	M12×25
12	弹簧	4	设计选用							
		6								
13	卸料螺钉	4	10×42	10×48						
		6			10×48	10×50	12×50	12×50	12×55	12×55
14	螺钉	4	M10×40	M10×45			M12×50	M12×50		
		6			M10×45	M10×55			M12×55	M12×55
15	圆柱销	2	10×40	10×45	10×45	10×55	12×50	12×50	12×60	12×60

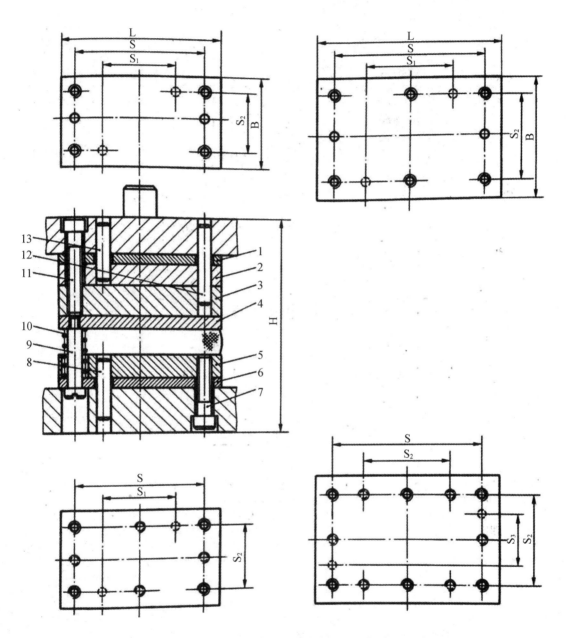

1—垫板；2—固定板；3—凹模；4—卸料板；5—固定板；6—垫板；
7，11—螺钉；8，12，13—圆柱销；9—卸料螺钉；10—弹簧

图 3-19　复合膜矩形厚凹模典型组合

表 3-22 复合膜矩形厚凹模典型组合尺寸（GB2873.1—81）

件号和名称			数量								
凹模周界		L		100	80	100	125	100	125	160	200
		B		63	80	80	80	100	100	100	100
凸模长度				42	42	42	42	44	46	54	54
配用模架闭合高度 H		最小		140	140	140	140	140	160	190	190
		最大		165	165	165	165	165	190	225	225
孔距		S		82	56	76	101	76	101	136	176
		S_1		50	28	40	65	40	65	70	100
		S_2		45	56	56	56	76	76	76	76
		S_3		21	28	28	28	40	40	40	40
1	垫板厚度	1		4	4	4	4	4	6	6	6
2	固定板厚度	1		12	12	12	12	12	14	16	16
3	凹模厚度	1		22	22	22	22	22	25	28	28
4	卸料板厚度	1		10	10	10	10	10	12	14	14
5	固定板厚度	1		14	14	14	14	14	16	18	18
6	垫板厚度	1		4	4	4	4	4	6	6	6
7	螺钉	4		M6×45	M8×45	M8×45	M8×45	M8×45	M8×55		
		6								M8×60	M8×60
8	圆柱销	2		6×45	8×45	8×45	8×45	8×45	8×55	8×60	8×60
9	卸料螺钉	4		6×38	8×38	8×38	8×38	8×40	8×42		
		6								8×48	8×48
10	弹簧	4						设计选用			
		6									
11	螺钉	4		M6×55	M8×55	M8×55	M8×55	M8×55	M8×65		
		6								M8×75	M8×75
12	圆柱销	2		6×50	8×50	8×50	8×55	8×55	8×70	8×70	8×70
13	圆柱销	2		6×40	8×40	8×40	8×30	8×30	8×40	8×45	8×45

凹模周界	L		125	160	200	250	160	200	250	300
	B		125	125	125	125	160	160	160	200
凸模长度			46	56	56	60	56	56	63	63
配用模架闭合高度H	最小		160	190	190	210	210	210	220	220
	最大		190	225	225	255	255	255	265	265
孔距	S		95	130	170	220	124	164	214	164
	S_1		55	70	100	130	60	90	130	90
	S_2		95	95	95	95	124	124	124	164
	S_3		55	55	55	55	60	60	60	90（续）

件号和名称		数量								
1	垫板厚度	1	6	6	6	8	8	8	8	8
2	固定板厚度	1	14	16	16	18	18	18	20	20
3	凹模厚度	1	25	28	28					
4	卸料板厚度	1	12	14	14					
5	固定板厚度	1	16	18	18					
6	垫板厚度	1	6	6	6					
7	螺钉	4	M10×55	M10×60			M12×70	M12×70		
		6		M10×60	M10×70				M12×75	M12×75
8	圆柱销	2	10×55	10×60	10×60	10×70	12×70	12×70	12×70	12×70
9	卸料螺钉	4	10×42	10×50			12×50	12×50		
		6		10×50	10×55				12×55	12×55
10	弹簧	4	设计选用							
		6								
11	螺钉	4	M10×65	M10×75			M12×85	M12×85		
		6		M10×75	M10×90				M12×95	M12×95
12	圆柱销	2	10×70	10×80	10×80	10×90	12×90	12×90	12×90	12×90
13	圆柱销	2	10×40	10×45	10×45	10×60	12×60	12×60	12×60	12×60

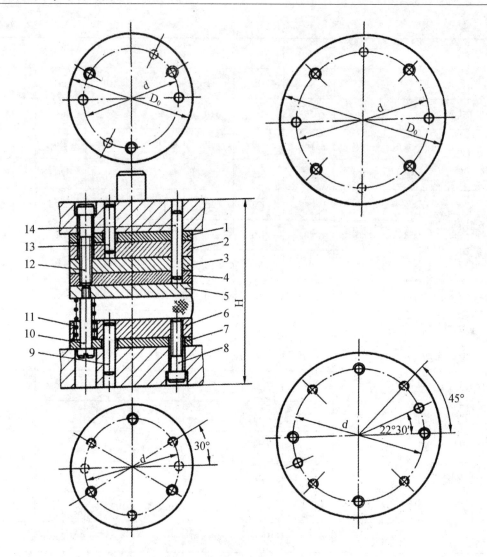

1—垫板；2—固定板；3—空心垫板；4—凹模；5—卸料板；6—固定板；
7—垫板；8，12—螺钉；9，13，14—圆柱销；10—卸料螺钉；11—弹簧

图 3-20　复合模圆形薄凹模典型组合

12. 模具零件的公差配合、形位公差及表面粗糙度要求

设计模具时，应根据模具零件的功能和固定方式及配合要求的不同，合理选用其公差配合、形位公差及表面粗糙度。否则，不仅会直接影响模具的正常工作和冲压件的质量，而且也影响模具的使用寿命和制造成本。

（1）模具零件的公差配合要求。公差配合分为过盈配合、过渡配合及间隙配合三种。过盈配合用于模具工作时其零件之间没有相对运动且又不经常拆装的零件，如导柱、导套分别与模板的配合；过渡配合用于模具工作时其零件之间没有相对运动但需要经常拆装的零件，如压入式凸模与固定板的配合；间隙配合用于模具工作时需要相对运动的零件，如导柱与导套之间的配合等。

表3-23 复合模圆形薄凹模典型组合尺寸（GB2873.4—81）

凸模外径 D_0				63	80	100	125	160	200	250
凸凹模长度				32	40	40	44	54	61	66
配用模架闭合高度 H		最小		110	130	130	140	180	200	220
		最大		125	150	150	170	220	240	260
孔距 d				47	56	76	95	124	164	214
件号和名称	1	垫板厚度	1	4	4	4	6	8	8	10
	2	固定板厚度	1	10	12	12	14	18	20	22
	3	空心垫板厚度	1	8	10	10	12	16	18	20
	4	凹模厚度	1	10	12	12	14	16	18	20
	5	卸料板厚度	1	6	8	8	10	14	16	18
	6	固定板厚度	1	12	14	14	16	20	22	25
	7	垫板厚度	1	4	4	4	6	8	8	10
	8	螺钉 数量	3	M5×30	M8×35	M8×35	M10×45			
			4					M12×60	M12×65	M12×75
	9	圆柱销	2	5×30	8×30	8×30	10×45	12×60	12×60	12×75
	10	卸料螺钉	3	5×32	8×38	8×38	10×42			
			4					12×50	12×55	12×60
	11	弹簧	3	设计选用						
			4							
	12	螺钉	3	M5×45	M8×50	M8×50	M10×60			
			4					12×80	12×90	12×95
	13	圆柱销	2	5×30	8×30	8×30	10×35	12×50	12×60	12×60
	14	圆柱销	2	5×45	8×50	8×50	10×60	12×80	12×90	12×90

表3-24 模具零件的公差配合要求

序号	配合零件名称	配合要求	序号	配合零件名称	配合要求
1	导柱、导套分别与模板	H7/r6	10	固定挡料销与凸模	H7/m6、H7/n6
2	导柱与导套	H7/h6、H6/h5	11	活动挡料销与卸料板	H9/h8、H9/h9
3	导板与凸模	H7/h6	12	初始挡料销与导料板（导尺）	H8/f9
4	压入式模柄与上模板	H7/m6	13	侧压板与导料板（导尺）	H8/f9
5	凸缘式模柄与上模板	H7/h6、H7/js6	14	固定式导料销与凸模（压入凸模）	H7/r6、H7/s6
6	模柄与压力机滑块模板孔	H11/d11	15	固定式导正销与凸模（用螺钉固定于凸模上）	H7/h6
7	凸模、凹模分别与固定板	H7/m6	16	活动式导正销与凸模或固定板	H7/h6
8	镶拼式凸、凹模与固定板	H7/h6	17	推（顶）件块与凹模或凸模	H8/f8
9	圆柱销与固定板、模板	H7/n6	18	弹簧芯柱与固定孔	H7/r6、H7/n6

（2）模具零件的形位公差要求。形位公差是形状和位置公差的简称，包括直线度、平面度、圆柱度、平行度、垂直度、同轴度、对称度及圆跳动公差等多种。根据模具零件的技术要求，应合理选用其形位公差的种类及其公差值。模具零件中常用的形位公差有平行度、垂直度、同轴度、圆柱度及圆跳动公差等。

1）平行度公差。模板、凹模版、垫板、固定板、导板、卸料板、压边圈等板类零件的两平面应有平行度要求。可查表3-25。

表3-25　平行度公差

基本尺寸	公差等级		基本尺寸	公差等级	
	4	5		4	5
	公差值 T			公差值 T	
>25~40	0.006	0.010	>400~630	0.025	0.040
>40~63	0.008	0.012	>630~1000	0.030	0.050
>63~100	0.010	0.015	>1000~1600	0.040	0.060
>100~160	0.012	0.020	>1600~2500	0.050	0.080
>160~250	0.015	0.025	>2500~4000	0.060	0.100
>250~400	0.020	0.030			

2）垂直度公差。矩形、圆形凹模版的直角面，凸模、凹模（或凸凹模）固定板安装孔的轴线与其基准面，模板上模柄（压入式模柄）安装孔的轴线与其基准面，一般均应有垂直度要求。可查表3-26。

表3-26　垂直度公差

基本尺寸	>25~40	>40~63	>63~100	>100~160	>160~250	>250~400
公差等级	5					
公差值	0.010	0.012	0.015	0.020	0.025	0.030

3）圆跳动公差。各种模柄的圆跳动公差可按表3-27选取。

表3-27　模柄圆跳动公差

基本尺寸	>18~30	>30~50	>50~120	>120~250
公差等级	8			
公差值	0.010	0.012	0.015	0.020

4）同轴度公差。阶梯式的圆截面凸模、凹模、凸凹模的工作直径与安装直径（采用

过渡配合压入式固定板内），阶梯式导柱的工作直径与安装直径（采用过盈配合压入模板内），均应有同轴度要求。可查表3-28。

表3-28　回转体轴线相对基准轴线的同轴公差

基本尺寸	>6~10	>10~18	>18~30	>30~50	>50~120
公差等级	8				
公差值	0.015	0.020	0.025	0.030	0.040

（3）模具零件的表面粗糙度要求。模具零件表面质量的高低用表面粗糙度衡量，通常以轮廓算数平均偏差 Ra（μm）表示。Ra 数值愈小，表示其表面质量愈高。模具零件的工作性能如耐磨性、抗蚀性及强度等，在很大程度上受其表面粗糙度的影响。可查表3-29。

表3-29　模具零件的表面粗糙度

GB1031—83		使用范围
粗糙度 Ra 数值（μm）	标准示例	
0.1	$\frac{0.1}{\nabla}$	抛光的转动体表面
0.2	$\frac{0.2}{\nabla}$	抛光的成型面及平面
0.4	$\frac{0.4}{\nabla}$	①压弯、拉深、成型的凸模和凹模工作表面
0.8	$\frac{0.8}{\nabla}$	②圆柱表面和平面的刃口 ③滑动和精确导向的平面 ①成型的凸模和凹模刃口；凸模和凹模镶块的接合面 ②过盈配合和过渡配合的表面，用于热处理零件
1.6	$\frac{1.6}{\nabla}$	③支承、定位和紧固表面用于热处理零件 ④磨加工的基准面；要求准确的工艺基准表面
3.2	$\frac{3.2}{\nabla}$	①内孔表面，在非热处理零件上配合用 ②模座平面 ①不需加工的支承、定位和紧固表面，用于热处理的零件 ②模座平面
6.3	$\frac{6.3}{\nabla}$	不与冲压制件及模具零件接触的表面
12.5	$\frac{12.5}{\nabla}$	
25	$\frac{25}{\nabla}$	粗糙的不重要表面
		不需机械加工的表面

任务试题

1. 模具中导向装置的作用是什么?

2. 什么叫金属材料的塑性?

3. 什么叫金属材料的变形抗力?

4. 冷冲模具按工艺性质可分为哪几类?

5. 冷冲模具按工序组合程度可分为哪几类?

6. 试列举可以使材料分离的模具。

任务三 开瓶器模具各零部件的加工

任务目标

(1) 了解模具加工工艺过程的组成。
(2) 掌握模具生产的工艺特征。
(3) 熟悉模具制造工艺过程的基本要求。

基本概念

模具是机械产品，模具的机械加工类同于其他机械产品的机械加工，但同时又有其特殊性。模具一般是单件小批量生产，模具标准件则是成批生产。成型零件的加工精度要求较高，所采取的加工方法往往不同于一般机械加工方法。所以，模具加工工艺规程具有与其他机械产品同样的普遍性，同时还具有其特殊性。

前面已经介绍过模具制造的特点、工艺流程、制造方法等，这里不再重复，重点介绍模具加工工艺过程的组成、工艺特征以及工艺过程的基本要求等。

一、模具加工工艺过程的组成

1. 模具生产过程与工艺过程

(1) 生产过程。生产过程是将原材料或半成品转变为成品的全过程。主要包括原材料的运输和保存，生产的准备工作，毛坯制造，零件的加工和热处理，模具的装配、试模和校正，直至包装等。

(2) 机械加工工艺过程。机械加工工艺过程是用机械加工方法直接改变生产对象的形状、尺寸、相对位置和性质等，使之成为成品或半成品的过程。

(3) 装配工艺过程。装配工艺过程是按规定的技术要求，将零件或部件进行配合和连接，使之成为半成品或成品的工艺过程。

2. 模具机械加工工艺过程的组成

模具加工工艺规程是模具厂（车间）进行技术装备、组织生产及指导生产的依据，按照规程进行生产就能得到合格的零件。工艺过程一般由以下内容组成：

(1) 工序。工序是一个或一组工人在一个工作地对同一个或同时对几个工件所连续完成的那一部分工艺过程。它既是工艺过程的基本组成部分，又是生产计划、经济核算的基本单元，也是确定设备负荷、配备工人、安排作业以及工具数量等的依据。划分是否为同一个工序的主要依据是工作地点（设备）、加工对象（工件）是否变动以及加工是否连续完成。如果其中之一有变动或加工不是连续完成，则应划为另一道工序。

如何判断一个工件在一个工作地的加工过程是否连续呢？现以一批工件上某孔的钻、铰加工为例加以说明。如果每一个工件在同一台机床上钻孔后就接着铰孔，则该孔的钻、铰加工过程是连续的，应算同一工序。若在该机床上将这一批工件都钻完孔后，再逐个铰孔，对一个工件的钻铰加工过程就不连续了，钻、铰加工应划分成两道工序。再如在"加工中心"机床上加工模具零件的复杂型腔，只要不去加工另一个零件，则所有的加工内容都属于同一工序。

（2）安装。安装是工件（或装配单元）经一次装夹后所完成的那一部分工序。一个工序中可以只有一次安装，也可以有多次安装。

例如，车两端面属一道工序，但需两次装夹。多一次装夹不但增加了装卸工件的时间，同时还会产生装夹误差。因此，在工序中应尽量减少装夹次数。

（3）工位。工位是为了完成一定的工序部分，一次装夹工件后，工件（或装配单元）与夹具或设备的可动部分一起相对刀具或设备的固定部分所占据的每一个位置。

（4）工步。工步是在加工表面和加工工具不变的情况下，所连续完成的那一部分工序。一个工序可包括几个工步，也可能只有一个工步。

加工表面与加工工具只要改变一个，就应算作不同工步，如对同一个孔进行钻孔、扩孔、铰孔，应作为三个工步。在工艺卡片中，按工序写出各加工工步，就规定了一个工序的具体操作方法及次序。

对一次装夹中连续进行的若干相同的工步，为简化工序内容，通常写一个工步。如钻 $4-\phi15$，为提高效率，用几把刀具或一把复合刀具同时加工一个工件上的几个表面称复合工步，复合工步也视为一个工步。

（5）进给。切削工具在加工表面上切削，则每切去一层材料称一次进给，一个工步可以进行一次进给，也可以进行多次进给。如外圆的余量较多，在粗车工步中可以进行多次进给。

二、模具生产的工艺特征

模具是工业产品生产中一种不可缺少的工装。它的社会效益很大，一套模具可以生产数十万件产品零件。但对于模具厂来说，模具生产只能是单件生产规模，所以模具生产的工艺特征表现为：

（1）毛坯制造采用木模、手工造型、砂型铸造或自由锻造。毛坯精度低、加工余量大。

（2）除采用通用设备按机群式布置外，更需采用高效、精密的专用加工设备和机床。

（3）使用通用夹具，而少采用专用夹具，由划线及试切法保证尺寸。

（4）除采用通用量具及万能夹具外，更需采用精密测量仪器。

（5）对工人技术要求较高。

（6）在工艺过程中，同一工序的加工内容较多，即采用集中工序，因而生产效率较低。

（7）工艺规程是简单的工艺过程卡片。

（8）一般模具广泛采用配合加工方法，而精密模具则要考虑工作部分的互换性。

（9）模具生产应最大限度地实行零部件工艺技术及其管理的标准化、通用化、系列化，转单向生产为批量生产。

（10）模具厂（车间）需具备专业化的生产组织形式，该形式与其生产方式相适应。

三、模具制造工艺过程的基本要求

模具制造工艺过程必须满足以下基本要求：

（1）保证模具质量。在正常生产条件下，按工艺过程所加工的零件，应能达到图样规定的全部精度和表面质量要求。

（2）保证制造周期。在规定的日期内，将模具制造完毕。为此，应力求缩短成型加工工艺路线，制定合理的加工工序。

（3）具有良好的劳动条件。

（4）模具的成本低廉。

（5）不断提高加工工艺水平，采用新工艺、新技术、新材料，以提高模具生产效益，降低成本，使模具生产有较高的技术经济效益和水平。

（6）模具生产的两个特点：

1）单件生产。

2）按照与用户签订的提供模具的合同来安排生产计划。

四、开瓶器模具零件的加工

1. 凸模Ⅰ加工（圆形凸模）（见图 3 –21）

（1）下料。

（2）锻造。

（3）热处理：退火。

（4）粗车：两个圆柱及端面。

（5）热处理：淬火、回火，保证硬度 56 ~ 60HRC。

（6）精车：两个圆柱及端面。

（7）外圆磨：磨外圆。

（8）钳工：压入凸模固定板。

（9）平磨：装后磨平上端面；磨下端面见光。

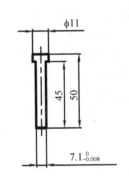

图 3 –21 凸模Ⅰ零件示意图

2. 凸模Ⅱ加工（非圆形凸模）（见图 3 –22）

（1）下料。

（2）锻造。

（3）热处理：退火。

（4）铣：铣六个面。

（5）平磨：磨六个面，磨一对相邻的侧基准面见光。

（6）坐标镗：找正基准面。

（7）热处理：淬火、回火，保证硬度 56 ~ 60HRC。

（8）平磨：磨两大面见光，磨一对相邻的侧基准面见光。

（9）退磁。

（10）加工中心：CNC 加工不规则面。

（11）钳工：研磨外形，压入凸凹模固定板。

（12）平磨：装后磨平端面。

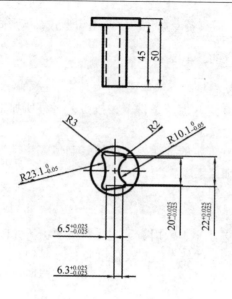

图 3 – 22　凸模 II 零件示意图

注意：所有销钉孔都不能先加工；需热处理的钻穿丝孔，其余都在装配时钻、铰。

3. 凹模的加工（见图 3 – 23）

（1）下料。锻造，按照图面尺寸，取各边毛坯余量 2mm。

（2）粗铣。粗铣毛坯，模具零件各个平面按照图面尺寸保留余量 0.2mm。

（3）线切割。线割出凹模中间的孔，按照尺寸图面保留余量 0.2mm。

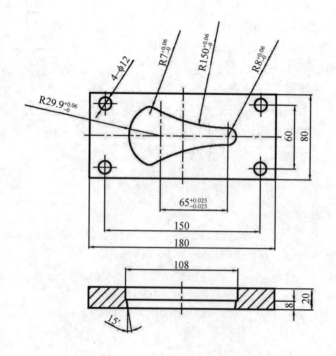

图 3 – 23　凹模零件示意图

（4）精铣。精铣毛坯，模具零件除刃口外各个平面加工至图面尺寸。

（5）磨。研磨刃口尺寸图面尺寸。

（6）抛光。用砂纸打光工件毛刺及刀纹。

（7）粗铣模板孔。粗铣模板孔，保留精加工余量0.1mm。

（8）精铣模板孔。精铣模板孔，达到图面要求的尺寸。

（9）钳工。去除毛刺等，模具加工完善。

（10）清洗。

（11）检查。

4. 凸凹模的加工（见图3－24）

（1）下料。锻造，按照图面尺寸，取各边毛坯余量2mm。

（2）粗铣。粗铣毛坯，模具零件各个平面按照图面尺寸保留余量0.2mm。

（3）线切割。线割出凹模中间的孔，按照尺寸图面保留余量0.2mm。

（4）精铣。精铣毛坯，模具零件除刃口外各个平面加工至图面尺寸。

（5）磨。研磨刃口尺寸图面尺寸。

（6）抛光。用砂纸打光工件毛刺及刀纹。

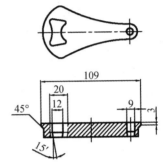

图3－24 凸凹模零件示意图

（7）粗铣模板孔。粗铣模板孔，保留精加工余量0.1mm。

（8）精铣模板孔。精铣模板孔，达到图面要求的尺寸。

（9）钳工。去除毛刺等，模具加工完善。

（10）清洗。

（11）检查。

注意：凸凹模的刃口尺寸均需要与凸模Ⅰ、凸模Ⅱ及凹模的尺寸配合加工，以确保刃口之间的间隙。

五、模具整体加工顺序

（1）加工需要热处理的工件。

（2）加工需要线切割的工件。

（3）加工模架部件即上托和底座。

（4）加工其他部件。

（5）装配、试模。

任务试题

1. 简述模具生产过程、工艺过程及装配过程。

2. 简述模具机械加工工艺的过程。

3. 简述模具生产的工艺特征。

4. 模具制造工艺过程应满足什么基本要求？

5. 试写出开瓶器凹模的加工工艺。

任务四　开瓶器模具的装配

任务目标

（1）掌握安装冷冲模的间隙控制法。

（2）掌握冷冲模的装配工艺。

（3）掌握复合模的安装。

基本概念

一、冲压模具间隙的控制方法

在项目二任务五中，已经学习了模具装配精度要求、模具装配工艺方法以及装配尺寸链，下面进一步学习冲压模具间隙的控制方法。

冲压模具装配的关键是如何保证凸、凹模之间具有正确、合理、均匀的间隙。这既与模具零件的加工精度有关，也与装配工艺的合理与否有关。为保证凸、凹模间的位置正确和间隙均匀，装配时总是依据图纸要求先选择其中某一主要件（如凸模或凹模或凸凹模）作为装配基准件，然后以该基准件位置为基准，用找正间隙的方法来确定其他零件的相对位置，以确保其相互位置的正确性和间隙的均匀性。控制冲压模具间隙均匀性常用的方法有如下几种：

1. 垫片法

垫片法是根据凸、凹模配合间隙的大小，在凸、凹模配合间隙四周内垫入厚度均匀、相等的薄铜片 8 来调整凸模Ⅰ、凸模Ⅱ和凹模 1 的相对位置，保证配合间隙均匀，如图 3-25 所示。

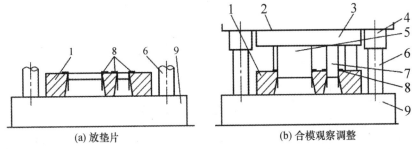

(a) 放垫片　　　　　　　　(b) 合模观察调整

1—凹模；2—上模座；3—凸模固定板；4—导套；5—凸模Ⅰ；

6—导柱；7—凸模Ⅱ；8—薄铜片；9—下模座

图 3-25　垫片法调整间隙

2. 测量法

测量法是将凸模组件、凹模 1 分别固定于上模座 9、下模座 3 的合适位置，然后将凸模 4 插入凹模 1 型孔内，用厚薄规（塞尺）6 分别检查凸、凹模不同部位的配合间隙，如图 3 – 26 所示，根据检查结果调整凸、凹模之间的相对位置，使间隙在水平四个方向上一致。该方法只适用于凸、凹模配合间隙（单边）在 0.02mm 以上且四周间隙为直线形状的模具。

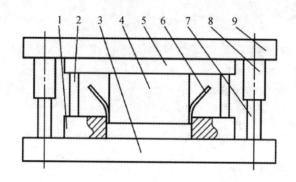

1—凹模；2—等高平行垫铁；3—下模座；4—凸模；5—凸模固定板；
6—塞尺；7—导柱；8—导套；9—上模座
图 3 – 26　测量法调整间隙

3. 透光法

透光法是将上、下模合模后，用手持工作灯或电筒灯光照射，观察凸、凹模刃口四周的光隙大小来判断间隙是否均匀，若不均匀要进行调整，如图 3 – 27 所示。该方法适合于薄料冲裁模，对装配钳工的技术水平要求高。

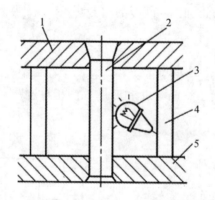

1—凹模；2—凸模；3—光源；4—等高平行垫铁；5—凸模固定板
图 3 – 27　透光法调整间隙

4. 镀铜法

镀铜法是在凸模 1 的工作端刃口部位镀一层厚度等于凸、凹模单边配合间隙的铜层 2，使凸、凹模装配后获得均匀的配合间隙，如图 3 – 28 所示。镀铜层厚度用电流及电镀时间来控制，厚度一致，易保证模具冲裁间隙均匀。镀铜层在模具使用过程中可以自行脱落，在装配后不必去除。

5. 涂层法

涂层法原理与镀铜法相同，是在凸模上涂一层涂料（如磁漆或氨基醇酸绝缘漆等），其厚度等于凸、凹模的单边配合间隙，再将凸模插入凹模型孔，以获得均匀的配合间隙，不同的只是涂层材料。该方法适用于小间隙冲模的调整。

6. 工艺定位器法

工艺定位器法如图 3－29（a）所示，装配时用一个工艺定位器 3 来保证凸、凹模的相对位置，保证各部分的间隙均匀。其中，如图 3－29（b）

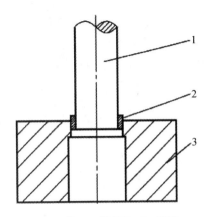

1—凸模；2—镀铜层；3—凹模
图 3－28 镀铜法调整间隙

所示的工艺定位器 d_1 与冲孔凸模滑配，d_2 与落料凹模滑配，d_3 与冲孔凹模滑配，d_1、d_2 和 d_3 尺寸应在一次装夹中加工成型，以保证三个直径的同轴度。

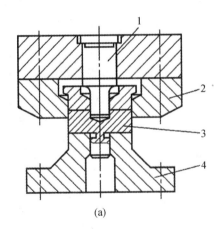

(a)

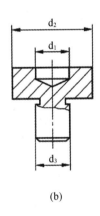

(b)

1—凸模；2—凹模；3—工艺定位器；4—凸凹模
图 3－29 用工艺定位器调整间隙

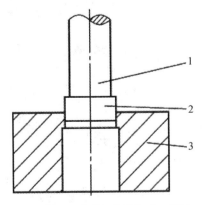

1—凸模；2—凸模加长部分；3—凹模
图 3－30 用工艺尺寸调整间隙

7. 工艺尺寸法

工艺尺寸法如图 3－30 所示，为调整圆形凸模 1 和凹模 3 的间隙均匀，可在制造凸模 1 时，将凸模工作部分加长 1～2mm，并使加长部分 2 的直径尺寸按凹模内孔的实测尺寸与精密的滑动配合，以便装配时凸、凹模对中、同轴，并保证模具间隙均匀。待装配完后，再将凸模加长部分 2 去除。

8. 工艺定位孔法

工艺定位孔法如图 3－31 所示，是在凹模和凸模固定板相同的位置上加工两个工艺孔，装配时，在定位孔内插入定位销以保证模具间隙的方法。该方法加工简单、方便（可将工艺孔与型腔用线切割方法一次装夹割出），间隙容易控制。

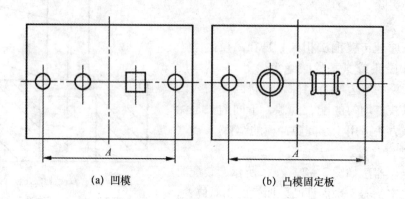

(a) 凹模　　　　　　　　　　　(b) 凸模固定板

图 3 - 31　用工艺定位孔法调整间隙

二、冲压模具的装配工艺

冲压模具的装配工艺包括组件装配和总装配。

1. 组件装配

（1）模架装配。以压入式模架装配为例。按照导柱、导套的安装顺序，有以下两种装配方法。

1）先压入导柱的装配方法。①选配导柱和导套。②压入导柱。③装导套。④压入导套。⑤检验模架平行度精度。

2）先压入导套的装配方法。①选配导柱和导套。②压入导套。③压入导柱。④检验模架平行度精度。

（2）凸模组件装配。以压入式凸模与凸模固定板的装配过程为例。

如图 3 - 32（a）所示，将凸模固定板 3 型孔台阶向上，放在两个等高平行垫铁 4 上，将凸模Ⅰ、凸模Ⅱ的工作端向下放入型孔对正，用压力机慢慢压入（或用铜棒垂直敲入），要边压边检查凸模垂直度，直至凸模台阶面与凸模固定板 3 型孔台阶面接触为止，然后在平面磨床上与凸模固定板 3 一起磨平端面，如图 3 - 32（b）所示。

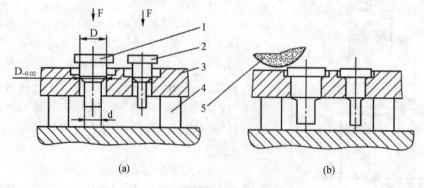

(a)　　　　　　　　　　　　(b)

1，2—凸模；3—凸模固定板；4—等高平行垫块；5—砂轮

图 3 - 32　圆形凸模的压入装配

（3）模柄装配。以压入式模柄装配为例。

在总装配凸模固定板和垫板之前，应先将模柄压入模座内。如图3-33（a）所示，装配时，将上模座3放在等高平行垫铁5上，利用压力机将模柄1慢慢压入（或用铜棒垂直敲入）上模座3，要边压边检查模柄1的垂直度，直至模柄1台阶面与上模座3安装孔台阶面接触为止。检查模柄1和上模座3上平面的垂直度，要求模柄1轴心线对上模座3上平面的垂直度误差在模柄长度内不大于0.05mm。检查合格后配钻防转销孔，安装防转销，然后在平面磨床上与上模座一起磨平端面，如图3-33（b）所示。

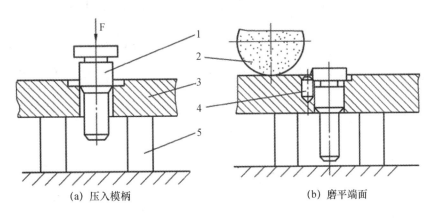

| (a) 压入模柄 | (b) 磨平端面 |

1—模柄；2—砂轮；3—上模座；4—防转销；5—等高平行垫铁

图3-33 压入式模柄的装配

2. 总装配

（1）选择装配基准件。根据冲压模具工作零件的相互依赖关系以及装配方便和易于保证装配精度要求等来确定装配基准件，如单工序冲裁模通常选择凹模作装配基准件，复合模通常选择凸凹模作装配基准件，级进模通常选择凹模作装配基准件，无导柱、导套的导板式冲模通常选择导板作装配基准件。

（2）确定装配顺序。根据各个零件与装配基准件的依赖关系和远近程度确定装配顺序，先装零件要有利于后装零件的定位和固定。当模具零件装入上、下模座时，先装作为基准的零件，在检查装配无误后，钻、铰销钉孔，打入销钉，后装部分在试冲达到要求后再钻、铰销钉孔并装入销钉。

（3）控制凸、凹模冲裁间隙。装配时要严格控制凸、凹模冲裁间隙，保证间隙均匀。

（4）位置正确，动作无误。模具内各活动部件必须保证位置正确，活动配合部位动作灵活可靠。

（5）试冲。试冲是模具装配的重要环节，通过试冲可以发现问题，并采取措施解决问题。

三、开瓶器模具的装配

图3-34为开瓶器模具的总装图，由图3-34可知，开瓶器模具为复合冲裁模，复合模结构紧凑，内、外型表面相对位置精度要求高，冲压生产效率高，对装配精度的要求也高。

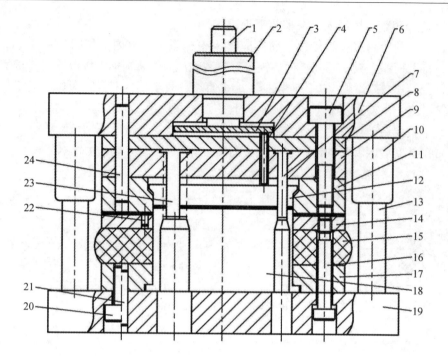

1—打料杆；2—模柄；3—三叉打板；4—三叉打料杆；5—螺钉；6—上模座；7—凸模Ⅰ；8—垫板
9—凸模固定板；10—导套；11—凹模；12—推件块；13—导柱；14—卸料板；15—橡皮；16—卸料螺钉
17—凸凹模固定板；18—凸凹模；19—下模座；20—螺钉；21—销钉；22—导料销；23—凸模Ⅱ；24—销钉

图3-34　开瓶器模具总装图

1. 组件装配

（1）将凸模Ⅰ、凸模Ⅱ装入凸模固定板9内，磨平端面，这一过程为凸模组件装配。

（2）将凸凹模18装入凸凹模固定板17内，磨平端面，这一过程为凸凹模组件装配。

（3）待上模部分配钻螺纹孔、销钉孔后，将模柄2装入上模座6内。

2. 总装

（1）确定装配基准件。冲裁复合模以凸凹模18作为装配基准件。

（2）安装下模部分。

1）确定凸凹模组件在下模座19上的位置。将凸凹模组件放置于下模座19的中心位置，用平行夹板将凸凹模组件与下模座19夹紧，通过凸凹模组件螺纹孔在下模座上钻锥窝，并在下模座19上划出漏料孔线。

2）拆开平行夹板，按锥窝加工下模座19漏料孔和螺钉过孔及沉孔。注意：下模座19漏料孔尺寸应比凸凹模漏料孔尺寸单边大0.5~1mm。

3）安装凸凹模组件。将凸凹模组件与下模座19用螺钉20固定在一起，配钻、配铰销钉孔，装入定位销21。

（3）安装上模部分。

1）检查上模各个零件尺寸是否满足装配技术条件要求。如推件块12放入凹模11，使台阶面相互接触时，推件块12端面应高出凹模11端面0.5~1mm；打料系统各零件是否合适，动作是否灵活等。

2）安装上模、调整冲裁间隙。将安装好凸凹模组件的下模部分放在平板上，用平行夹板将凹模 11、凸模组件、垫板 8、上模座 6 轻轻夹紧，然后用工艺尺寸法调整凸模组件、凹模 11 和凸凹模 18 的冲裁间隙。用硬纸片进行手动试冲，当内、外型冲裁间隙均匀时，用平行夹板将上模部分夹紧。

3）配钻、配铰上模各销孔和螺孔。将用平行夹板夹紧的上模部分在钻床上以凹模 11 上的销孔和螺钉孔作为引钻孔，配钻螺纹过孔，配钻、配铰销钉孔。拆掉平行夹板，钻上模座 6 中的螺纹沉孔。

4）将模柄 2 装入上模座 6 内。

5）装入销钉 24 和螺钉 20，将上模部分安装好。

（4）安装弹压卸料部分。

1）将卸料板 14 套在凸凹模 18 上，在卸料板 14 与凸凹模组件端面间垫上等高平行垫块，保证卸料板 14 上端面与凸凹模 18 上平面的装配位置尺寸；用平行夹板将卸料板 14 与下模夹紧，然后在钻床上钻卸料螺钉孔。拆掉平行夹板，将下模各板的卸料螺钉孔加工到规定尺寸。

2）在凸凹模组件上安装橡皮 15，在卸料板 14 上安装挡料销，拧紧卸料螺钉 16，使橡皮 15 预压紧量约为 10%，并使凸凹模 18 的上端面低于卸料板 14 的端面约 1mm。

3. 检验

按冲模技术条件（GB/T14662—1993）进行总装配检验。

任务试题

1. 冲压模具装配的关键是什么？与什么因素有关？

2. 控制冲压模具间隙均匀性常用的方法有哪几种？

3. 模具组件装配包括哪些？

4. 简述冷冲模局总装配的过程及注意事项。

任务五　开瓶器模具的调试

任务目标

（1）掌握模具制品试模过程中可能出现的问题。

（2）掌握模具制品试模出现问题时相应的解决办法。

基本概念

试冲是模具装配的重要环节，按照图样加工和装配好的冲模，必须经过试模、调整后，才能作为成品交付生产使用。成品的冲模，应该达到下列要求：

（1）能顺利地将冲模安装到指定的压力机上。

（2）能稳定地冲出合格的冲压零件。

（3）能安全地进行操作使用。

冲模试冲的目的和任务就是在正常生产条件下，通过试冲发现模具设计和制造缺陷，找出原因，对模具进行适当的调整和修理后再试冲，直到冲出合格制件，并能安全、稳定地投入生产使用，模具的装配过程即宣告结束。因此，冲模试冲包括下列内容：

（1）将冲压模正确安装到指定的压力机上。

（2）用图样上规定的材料在模具上进行试冲。

（3）根据试冲出的制件的质量缺陷，分析原因，找出解决办法，然后进行修理、调整，再试模，直至稳定冲出一批合格制件。

下面介绍试冲过程中制件的各种质量缺陷产生的原因及对应的解决办法。

一、毛刺过大

故障原因及处理方法如表 3 – 30 所示：

表 3 – 30　毛刺过大的故障原因及处理方法

序号	故障原因	处理方法
1	刀口磨耗	重新研磨
2	间隙过大：侧面大部分为擦光带，亮度较低	减小间隙
3	间隙太小	二次剪切面加大间隙
4	材料过硬	更换材料或加大间隙
5	模板不正，局部产生毛刺或刮伤	重新校正或修改模具

二、咬模

故障原因及处理方法如表 3-31 所示：

表 3-31 咬模的故障原因及处理方法

序号	故障原因	处理方法
1	模具松动：冲或模的移动量超过单边间隙	调整组合间隙
2	冲模倾斜：冲模的角度不正或模板间有异物，使模板无法平贴	重新组立或研磨矫正
3	模板变形：模板硬度或厚度不均或受外力撞击变形	更换新模板或更正拆组工作法
4	模座变形：模座厚度不均或受力不均，导柱、导套角度变异	研磨矫正或重塑胶钢或更换模座或使受力平均
5	冲模干涉	检查冲模尺寸、位置是否正确；上下模定位有无偏差；组装后是否会松动，冲床精度不够；架模不正
6	冲剪偏斜：冲头强度不够，冲头太近，侧向力未平衡，冲半斜	加强剥斜板引导保护作用或冲头加大、小冲头磨短；增加踵跟长提早支撑引导，注意送料长度

三、尺寸变异

故障原因及处理方法如表 3-32 所示：

表 3-32 尺寸变异的故障原因及处理方法

序号	故障原因	处理方法
1	刀口磨耗：毛头太大或尺寸变大（切外形）；变小（冲孔）；平面度不好	重新研磨或更换冲模
2	没有引导：引导销或其他定位装置没有作用，送料机没有放松或引导销径不当，无法矫正引导	定位块磨损，送距过长
3	冲模时间太短，成型不完全	修模
4	顶出不当：顶料销制不当，弹簧力不适当或顶出过长	调整弹力或改变位置或销数量；销磨短配合
5	导料不佳：导料板长度不合适；导料间隙太大；模具和放料机偏斜；模具与送料机间距太长	调整导料板长度；调整导料间隙；调整模具和放料机位置；调整模具与送料机间距
6	下料变形	注意下料操作规范
7	撞击变形：重力落下撞击变形	制品下落时加合适缓冲物，如海绵等
8	浮屑挤压：废料上浮或细屑留在模面或异物等挤压变异	及时清理废料、细屑等
9	材料不当：料宽或板厚、材质或材料硬度不适当，也会产生不良后果	严格按照图纸选择材料
10	设计不佳：工程安排不好，间隙设定不良	变更设计

四、模具损坏

在试模过程中会造成模具损坏的原因有以下几种因素：

（1）热处理。淬火温度过高或过低，回火次数温度时间不适当，淬火方式时间没把握住，在使用一段时间后问题才出现。

（2）冲压叠料。料片重叠仍继续冲压，通常为剥料板破裂。

（3）废料阻塞。落料孔未钻或尺寸不符或落在床台未及时清理，以冲头和下模板损坏较多。

（4）冲头掉落。未充分固定或悬吊，或螺丝太细强度不够，或冲头折断。

（5）异物进入。制品吹出弹回，模零件崩损掉落，螺丝突出模面或其他物品进入模内，都可能损坏下模、剥料板或冲头、导柱。

（6）组立错误。错装零件位置、方向而损坏。

（7）弹簧因素。弹簧力不够、断裂或等高套不等高使剥料板倾斜，或弹簧配制不长，造成重叠冲打损坏零件。

（8）冲压不当。工作高度调整过低，导柱失油，料条误送或冲半料，周边设备如送、放、收料机损坏，空气管未装或未开，冲床异常等所造成的损坏。

（9）维修不当。该换的零部件没有换，或螺丝未锁紧，或未按原状复原而造成上述各种状况发生。

注意：为了提高工作效率，操作人员应把所有最好的冲压条件记录下来，以供日后解决问题时参考。

 ## 任务试题

1. 简述冲模安装调试的方法和过程。

2. 为什么要对冲裁间隙进行调整？怎样知道冲裁间隙调整好了？

3. 冲裁时，凸模进入凹模的深度应为多少？为什么？

4. 试冲成品的冲模，应该达到哪些要求？

5. 冲模试冲应包括哪些内容？

任务六　开瓶器模具的保养

 任务目标

（1）了解模具日常管理。
（2）掌握模具检测及维修。
（3）掌握模具的表面保养。

 基本概念

在使用冲压模具之前，首先需要了解冲压模具的操作规范，为了冲压模具的使用寿命更长，还需要维护好冲压模具。

一、冲压模具使用操作规范

（1）模具在使用前，要对照工艺卡片进行检查，所使用的模具是否准确，与工艺卡片是否一致。

（2）操作者应了解模具的使用性能，掌握正确的操作方法。

（3）检查所使用的模具状态是否完好，使用的冲压材料是否符合工艺图纸要求，防止由于原材料不符合要求而损坏模具。

（4）检查所使用的设备是否符合工艺要求，如压力机的行程、压力机的吨位等是否与所使用的模具配套。

（5）在安装模具前，把机床（冲床、油压机）工作台面、滑块和模具上、下表面的油污灰尘和其他杂物擦拭干净。

（6）检查模具在压力机上的安装是否正确，上模体、下模体是否紧固在压力机上，模具安装闭合高度是否正确，尽量避免偏心载荷。调整闭合高度时，采用手动、点动的方法逐步调整行程深度，在确认调好之前禁止连动。

油压机在使用时，每隔一周要检测工作台与滑块平行度，如检测出工作台与滑块不平行，必须找专业维修人员调整设备，反之会压坏模具，并导致产品不合格。

（7）模具安装完后，应检查模具安装底座各紧固螺钉是否锁紧无误，以免损坏模具和机床。正确使用设备上安全保护和控制装置，加工工件过程中工作台面禁止存放与生产无关的任何物品。工作过程中必须定时检查模具状态，如有松动或滑移应及时调整。

（8）严格执行车间"三检"制度，使用模具加工的头几件制品要按工艺卡片图样仔细检查，首件合格后才可以进行批量生产。

（9）两人以上进行作业时，必须有专人指挥并负责脚踏装置的操作。

（10）模具高度和机床调整高度需用垫铁的只能放在模具下模板下；确需垫在上模板上的，需经技术人员同意，在技术人员指导下进行。

（11）模具在使用中，要遵守操作规则，在设备运转时，禁止将手伸入模具取放零件和清除残料，在用脚踏开关操作时，手与脚的动作要协调，续料或取件时，脚应离开脚踏开关。每冲完一个工件，手或脚必须离开按钮或踏板，以防误操作。

（12）在工作过程中，要随时检查模具运转情况，发现异常现象要随时进行维护修理。

（13）要及时对模具的工作件表面及活动配合部位进行表面润滑（如导板、导向、刃口等）。

（14）模具使用后，要按正确的操作规程将模具从压力机卸下，拆卸模具时，必须在合模状态下进行。清理好工作现场，对模具使用过程中出现的问题及时向技术人员反映。

（15）要对拆卸后的模具表面进行清理，去除油污、灰尘等杂物，做到外观清洁、无锈蚀、无油垢，小型工装上架摆放，大型工装指定存放地点摆放。做好润滑工作，确保工装处于完好状态，工装存放区域需设有存放标识。

（16）模具的搬运、吊运过程中应稳妥、慢起、慢放。

（17）操作人员不按操作规程操作，造成工艺装备损坏的，按照车间经济责任制实施考核管理。

二、冲压模具使用注意事项

（1）模具安装使用前应严格检查，清除脏物，检查模具的导向套和模具是否润滑良好。

（2）定期对冲床的转盘、油压机工作台的模具安装底座进行检查，确保设备的上下同轴精度。

（3）按照模具的安装程序将凸凹模在转盘上安装好，保证凸凹模具的方向一致，特别是具有方向要求的（非圆形和正方形）模具更要用心，防止装错、装反。

（4）冲床模具的凸模和凹模刃口磨损时应停止使用，及时磨刃，否则会迅速扩大模具刃口的磨损程度，加速模具磨损，降低冲件质量和模具寿命。

（5）冲压人员安装模具时应使用较软的金属（如铜、铝等）制成操作工具，防止安装过程中因敲、砸而损坏模具。

（6）模具在运送过程中要轻拿轻放，决不允许乱扔乱碰，以免损坏模具的刃口和导向。

（7）保证模具的使用寿命，还应定期更换模具的弹簧，防止弹簧因疲劳、损坏而影响模具使用。

三、冲压模具的日常保养

模具的日常保养由操作工人实施，模具维修人员确认，保养周期为：1 次/批。制件完成后，由模具操作者对模具在生产中的状况、首末件及过程、制件质量、保养实施情况及维修情况在《模具日常保养记录》中作相关记录，作为模具是否需要维修的依据。

1. 日常保养内容

（1）检查模具的标识是否完好清晰，对照工艺文件检查所使用的模具是否正确。

（2）检查模具是否完整，凸凹模是否有裂纹，是否有磕碰、变形，可见部分的螺钉是否有松动，刃口是否锋利（冲裁模）等。

（3）检查上、下模板及工作台面是否清洁、导柱导套间是否有润滑油。

2. 模具使用过程中的检查

（1）模具在调整开机前，检查模具内外有无异物、刃口固定螺钉有无松动、所用的板料是否清洁。

（2）检查操作现场有无异物、地面是否整洁，周围应无影响安全操作的因素。

（3）开式可倾压力机上的成型模具要调整好压件力、压料力，检查导向销是否正确、齐全。

（4）模具在试制后的首件按样件检查，由质检员判断合格后方可批量生产。

（5）模具在使用过程中，要严格遵守操作规则，定时对模具的工作件表面及活动配合面进行润滑，及时清理废料。

（6）在工作中，要随时检查模具工作状态，发现异常要立即停机，通知带班组长确定处理方案。

3. 模具使用后的检查

（1）模具在使用后，利用机床打开模具型腔，使用工具顶住机床上的滑块，在确保安全的前提下，清理型腔，检查型腔型面是否损坏、导柱导套是否松动，检查压料、退料机构及刃口是否完好，检查定位件是否正确可靠，检查可见紧固件有无松动；在导轨和工作表面涂油。

（2）清理模具安装面并涂油防锈。

（3）将模具从机床上卸下，吊运时应稳妥、慢起慢放。

（4）车架纵梁成型模具在换模块时，应清理模座型腔内的工作面，检查模座型腔、刃口、调整块有无损坏，拆下的模块应按序轻轻放置在指定位置，擦拭并涂油防锈。

（5）选取在模具要停止使用后的末件进行全面检查。

（6）检查完成后将模具的技术状态填写在《模具日常保养记录》上，状态合格的及时完整地送入指定的存放地点，不合格的送模具维修车间，并开具模具维修单。

任务试题

1. 简述冲压模具使用操作规范。

2. 简述冲压模具使用注意事项。

3. 简述冲压模具日常保养内容。

4. 简述冲压模具使用过程中的检查。

5. 简述冲压模具使用后的检查。

UG 基础知识

任务一　概述

任务目标

（1）了解 UG NX 软件的基本情况。

（2）了解 UG NX 软件在现代制造业中的地位。

（3）掌握学习 UG NX 的方法和途径。

基本概念

一、UG NX 软件简介及其地位

1. UG NX 简介

UG（Unigraphics，UG），从 CAM 发展而来。20 世纪 70 年代，美国麦道飞机公司成立了解决自动编程系统的数控小组，后来发展成为 CAD/CAM 一体化的 UG1 软件。20 世纪 90 年代被 EDS 公司收并，为通用汽车公司服务。2007 年 5 月正式被西门子收购；因此，UG 有着美国航空和汽车两大产业的背景。

自 UG 19 版以后，此产品更名为 NX。NX 是 UGS 新一代数字化产品开发系统，可以通过过程变更来驱动产品革新。UG NX 是集 CAD/CAM/CAE/PDM/PLM 于一体的软件集成系统。

（1）CAD 功能使工程设计及制图完全自动化。

（2）CAM 功能为现代机床提供了 NC 编程，用来描述所完成的部件。

（3）CAE 功能提供了产品、装配和部件性能模拟能力。

（4）PDM/PLM 帮助管理产品数据和整个生命周期中的设计重用。

2. 在制造业中的重要地位

UG NX 软件在航空航天、汽车、通用机械、工业设备、医疗器械以及其他高科技应用领域的机械设计和模具加工自动化的市场上得到了广泛应用。多年来，UGS 一直在支持美国通用汽车公司实施目前全球最大的虚拟产品开发项目，同时 Unigraphics 也是日本著名汽车零部件制造商 DENSO 公司的设计标准，并在全球汽车行业得到了广泛应用，如Navistar、底特律柴油机厂、Winnebago 和 Robert Bosch AG 等。

UG 进入中国以后，其在中国的业务有了很大的发展，中国已成为其远东地区业务增长最快的国家。

二、UG NX 软件的技术特点

UG NX 主要侧重 DFM（基于制造的设计）和 DFA（基于装配的设计），在设计环节充分考虑供应链环境和装配环境，提高设计的一次成功率，降低产品总体开发成本，缩短产品进入市场的时间，稳定产品质量。UG NX 软件的技术特点主要包含以下几点：

（1）具有统一的数据库，可实施并行工程。

（2）采用复合建模技术。

（3）基于特征的建模和编辑方法。

（4）曲线设计采用非均匀 B 样条作为基础。

（5）出图功能强。

（6）以 Parasolid 为实体建模核心。

（7）提供了界面良好的二次开发工具。

（8）具有良好的用户界面。

三、如何学好 UG NX 三维造型

学好 UG NX 要做到以下几点：

1. 打好基础

UG 关联的知识很广，针对三维造型这一方面，至少要有机械制图的基础，这样学起来会事半功倍。

2. 正确把握学习重点，有选择地学习

UG NX 的模块功能很多，如果一开始就什么都想学，那么很可能出现"样样通，样样松"的后果，可以先重点学习其中的某一模块，一个一个来。

3. 培养规范的操作习惯

4. 善于归纳及总结

将平时遇到的问题、失误和学习要点记录下来，归纳总结学习过程中的不足之处并改正。

5. 多练习，多问为什么

有很多人问，去哪里找那么多习题来做？这你就错了，生活当中产品随处可见，你可以看到什么就画什么，这是最好的方法。灵感来源于生活，产品服务于生活。

6. 多与身边的人交流

如果有条件的话，多看看身边的人是怎么画的，因为每个人的绘图风格都不一样，绘图习惯也不一样，如果能够取长补短，一定会有所收获。

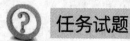

1. UG NX 是集 CAD/CAM/CAE/PDM/PLM 于一体的软件集成系统，试分别简述 CAD/CAM/CAE/PDM/PLM 是什么？

2. UG NX 软件的技术特点主要包含哪几点？

3. 列举说明如何学好 UG NX。

任务二　UG NX8.0 基本操作

任务目标

(1) 能够合理选用功能模块。
(2) 建立新文件和文件路径。
(3) 掌握操作界面的设计。
(4) 掌握鼠标和键盘的操作应用与技巧。
(5) 掌握软件常用参数的设置。

基本概念

一、启动 UG NX8.0 软件

一般来说，有三种方法可以启动并进入 UG NX8.0 软件环境。

(1) 可在电脑桌面双击快捷方式进入软件环境。

(2) 从电脑左下角的"开始"菜单栏中找到 UG NX8.0，单击进入软件环境，如图4-2所示。

图 4-1　NX8.0 桌面
快捷方式图标

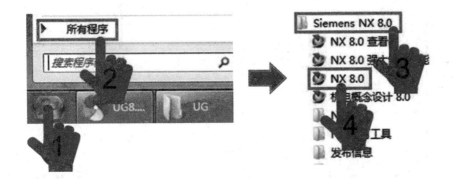

图 4-2　win7 系统的"开始"菜单

(3) 从 UG NX8.0 主软件的安装目录下找到 UGII 文件夹，打开文件夹后找到 ugraf.exe 文件，双击进入软件环境，如图4-3所示。

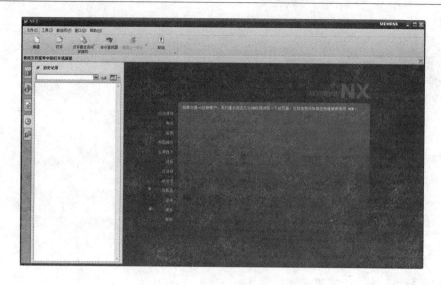

图 4-3　UG NX8.0 软件环境

二、UG NX8.0 工作界面

图 4-4 所示为操作界面的区域分布，各区域在操作应用中为操作者提供了最直观的功能展示和信息提示，让操作者能以最快、最直接的方式选择和进入功能与操作。

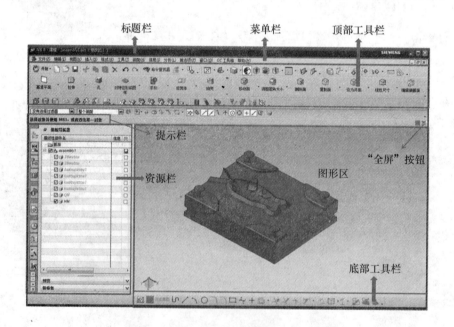

图 4-4　用户界面

1. 标题栏

标题栏中包含软件的版本号、模块、文件名以及编辑状态四个信息。

2. 菜单栏

菜单栏包含了 UG NX8.0 软件所有主要的功能，位于标题栏下方。菜单栏是下拉式菜单，系统将所有的指令和设置选项予以分类，分别放置在不同的下拉式菜单中。选择其中任何一个菜单时，都将会弹出下拉菜单，同时显示出该功能菜单中所包含的有关指令。

3. 工具栏

工具栏分顶部和底部两个，位于菜单栏下方的是顶部工具栏，位于主窗口底部的是底部工具栏。工具栏以简单直观的图标来表示每个工具的作用。UG NX8.0 具有大量的工具栏供用户使用，几乎所有的功能都可以通过单击工具栏上的图标按钮来启动。将光标停留在工具栏按钮上，将会出现该工具对应的功能提示。

4. 图形区

图形区即绘图工作区域，是 UG NX8.0 的主要工作区域，以窗口的形式呈现，占据了屏幕的大部分空间，用于显示绘图后的效果、分析结果等。

5. 提示栏

提示栏位于图形区的上方，用于提示用户操作的步骤。在执行每个指令步骤时，系统均会在提示栏中显示用户必须执行的动作，或者提示用户下一个动作。

6. "全屏"按钮

可将图形区切换至全屏模式。

7. 资源栏

资源栏的导航按钮位于屏幕的左侧，是用于管理当前零件的操作及操作参数的一个树形界面。资源栏中各主要导航器按钮的含义可以参照表 4 - 1。

表 4 - 1　资源栏主要导航器按钮的含义

导航器按钮	按钮含义
装配导航器	用来显示装配特征树及相关操作过程
部件导航器	用来显示零件特征树及相关操作过程，即从中可以看出零件的建模过程及其相关参数。通过特征树可以随时对零件进行编辑和修改
重用库	能够更全面地浏览 teamcenter classification 层次结构树，并提供对分类对象的直接访问权。此外还可将相关 UG NX8.0 部件的任何分类对象拖动到图形窗口中
Internet Explorer	可以在 UG NX8.0 中切换到 IE 浏览器
历史记录	可以快速地打开文件，此外，还可以拖动文件到工作区域打开该文件
系统材料	系统材料中提供了很多常用的物质材料，如金属、玻璃和塑料等。可以拖动需要的材质到设计零件上，即可达到给零件赋予材质的目的

三、新建模块

1. 新建文件

在 UG NX8.0 软件中，应用模块分为系统自带和用户定义两种，系统自带模块在软件系统安装时载入，自带模块能够满足绝大部分设计的应用，如有特殊需求可额外购买加载。

在软件环境里单击左上角的"新建"，即可打开应用模块选择窗口，如图 4 – 5 所示。

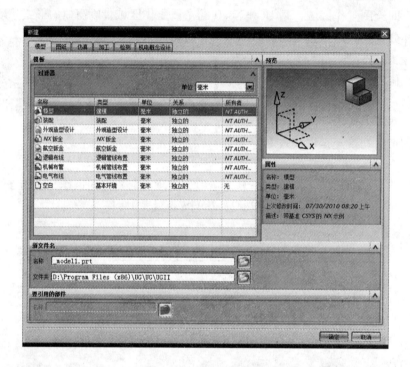

图 4 – 5　新建功能窗口

名称	类型
模型	建模
装配	装配
外观造型设计	外观造型设计
NX 钣金	NX 钣金
航空钣金	航空钣金
逻辑布线	逻辑管线布置
机械布管	机械管线布置
电气布线	电气管线布置
空白	基本环境

图 4 – 6　UG NX8.0 各个模块

在该窗口中，可以完成应用模块的选择、系统单位的设置、文件名、保存路径设置等。

2. 模块介绍（见图 4 –6）

（1）模型（建模）。提供了设计产品几何结构的工具。

（2）装配。提供了构造部件装配的工具。

（3）外观造型设计。提供了针对"工业设计"应用模块而特别创建的设计工具。

（4）NX 钣金。提供了设计直弯钣金部件的工具。

（5）航空钣金。提供了设计机身中可找到的最常见钣金部件类型的工具。

（6）逻辑布线（逻辑管线布置）。提供了使用2D图表（PID—工艺和仪器绘制图表）定义逻辑系统的工具。

（7）机械布管（机械管线布置）。提供了定义3D机械系统（如布管、管道及连接件）的工具。

（8）电气布线（电气管线布置）。提供了用于电力、信号、设置等的布线装配和线束。

3. 打开文件

要打开指定文件，可以选择菜单栏中"文件"→"打开"选项，或者在顶部工具栏中单击"打开" 按钮，系统将弹出"打开"对话框，如图4－7所示。

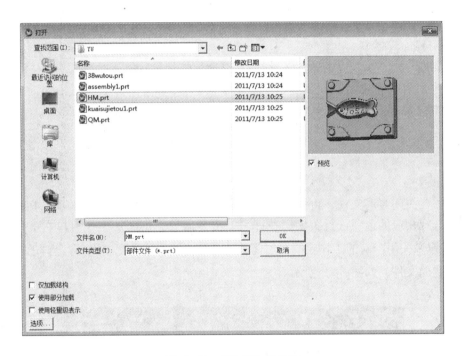

图4－7 "打开"对话框

在"打开"对话框中单击需要打开的文件，或者在"文件名"列表框中输入文件名，即可在右边的预览窗口中显示所选图形，然后单击"OK"按钮，即可打开指定的文件。

4. 保存文件

要保存文件，可以选择菜单栏中"文件"→"保存"选项，或者在顶部工具栏中单击"保存" 按钮，即可将文件保存到原来的目录。如果需要将当前图形保存为另一个文件，可以选择菜单栏中"文件"→"另存为"选项，系统将打开"另存为"对话框。此时，在"文件名"列表框中输入文件名称（注：文件名用英文字母），并指定相应的保存类型，然后单击"OK"按钮即可，如图4－8所示。

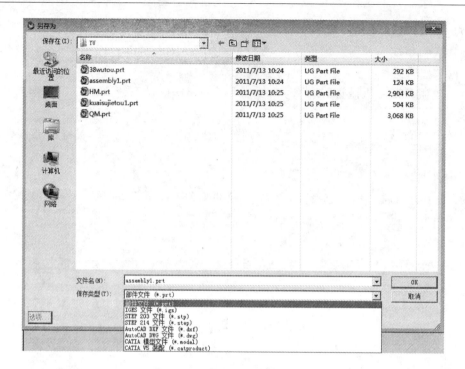

图4-8 "另存为"对话框

5. 关闭文件

如果需要关闭当前文件，可以选择菜单栏中"文件"→"关闭"选项，在打开的子菜单栏中选择相应的选项进行关闭操作即可。或者通过单击图形工作窗口右上角的"关闭" ✖ 按钮来关闭当前的工作窗口，在退出 UG NX8.0 软件时，系统将会自动提示是否要保存改变的文件，如图4-9所示。

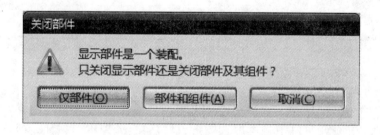

图4-9 关闭时系统的提示

四、鼠标和键盘的使用

1. 鼠标的应用

UG NX 8.0 软件系统在操作中充分发挥鼠标的功能应用，结合软件功能和用户定义的快捷方式，展现出高效的建模和设计效率。掌握鼠标的灵活应用，对 UG NX 8.0 的学习起到很重要的作用。

UG NX 8.0 软件要求鼠标必须为三键式鼠标，即有"左键 MB1、中键 MB2、右键

MB3"三键，如图4-10所示。操作时，个别功能还需结合键盘一起使用，具体操作如下：

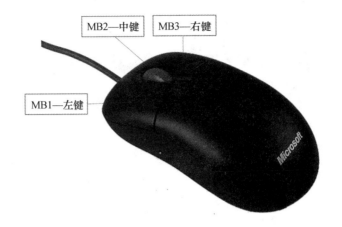

图4-10 鼠标

◆左键：点取、选择、拖拽。

◆中键：OK、旋转；当中键为滚轮时，还可缩放视图。

◆右键：显示弹出菜单，在文本域 Cut/Copy/Paste。

◆中键+右键：平移对象。

◆左键+中键：缩放视图。

◆Shift 键+中键：移动视图。

◆Shift 键+左键：取消选择。

◆Ctrl+中键：缩放视图。

2. 常用快捷键

如表4-2所示，巧用快捷键能快速提高工作效率。

表4-2 常用快捷键

按键	功能	按键	功能
Ctrl + N	新建文件	Ctrl + J	改变对象的显示属性
Ctrl + O	打开文件	Ctrl + T	几何变换
Ctrl + S	保存	Ctrl + D	删除
Ctrl + R	旋转视图	Ctrl + B	隐藏选定的几何体
Ctrl + F	满屏显示	Ctrl + Shift + B	颠倒显示和隐藏
Ctrl + Z	撤销	Ctrl + Shift + U	显示所有隐藏的几何体

3. 快捷键的定制

如果需要定制快捷键,可以选择菜单栏中"工具"→"定制"选项,在弹出的"定制"对话框右下角选择"键盘"按钮,可以进入"定制键盘"对话框进行设置。如图4-11、图4-12所示。

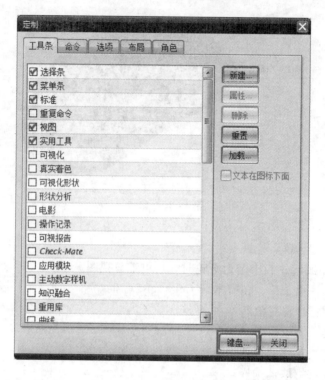

图 4-11   "定制"对话框

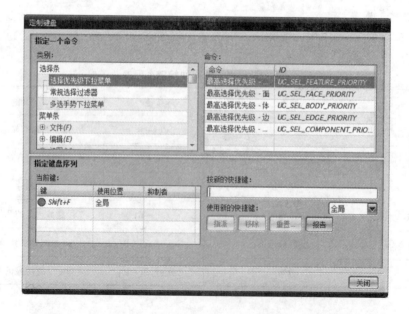

图 4-12   "定制键盘"对话框

五、界面环境的设置

1. 工具栏的设置

进入 UG NX8.0 系统后，在建模环境下，把鼠标光标移至图形区外的任意区域，单击鼠标右键，系统弹出下拉菜单，此下拉菜单为工具条开关，如图 4－13 所示，通过勾选打开相应工具条。或通过下拉菜单下方箭头往下，选择"定制"命令，系统弹出"定制"对话框，用户可对用户界面进行工具条、命令、选项、布局和角色的定制，如图 4－14 所示。

图 4－13 工具条开关

图 4－14 定制对话框

2. 用户界面设置

在产品的设计过程中，可以通过改变模型和当前环境的显示方式，使图形对象显示更加真实的效果。其中常用的调整方式有两种，一种是通过定义工作平面来显示模型的三维实体效果，另一种是通过真实着色同时改变图形对象和当前环境的显示方式。

（1）定义工作平面。工作平面只能在进入各功能模块后方可设置，具体设置包括图形在绘图区中的网格显示和捕捉等。

要设置工作平面，可以选择菜单栏中的"首选项"→"栅格和工作平面"选项，系统将打开"栅格和工作平面"对话框，如图 4－15 所示，点击类型中的下拉按钮，可以定义矩形均匀网格、矩形非均匀网格、极坐标网格三种类型。

（2）编辑工作界面背景。在 UG NX8.0 中，默认的图形区呈灰色，且从上到下，由深至浅。若想改变这种视觉效果，可以选择菜单栏中"首选项"→"背景"选项，系统将打开"编辑背景"对话框，如图 4 – 16 所示。

图 4 – 15　"栅格和工作平面"对话框

图 4 – 16　"编辑背景"对话框

1）着色视图。着色显示实体和曲面。选择"纯色"单选按钮，背景色将被设置为单一的颜色；选择"渐变"单选按钮，则需要分别指定图形区顶部与底部的颜色。此时单击两选项对应的调色板按钮，系统将打开"颜色"对话框，在该对话框中指定相应的颜色作为背景颜色即可。

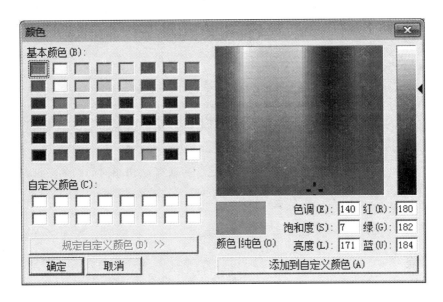

图 4-17 "颜色"对话框

2）线框视图。以线框形式显示实体和曲面，选项含义同着色视图。

3）普通颜色。指定单一色调时的颜色，即当在"着色视图"或"线框视图"选项组中选择"纯色"单选按钮时使用的颜色。

4）默认渐变颜色。用于恢复默认的顶部与底部的颜色选项。单击该按钮后，之前设置的背景颜色将全部恢复至原来的默认颜色。

UG NX8.0 软件的着色功能，为用户设计的模型提供了高质量动态可视化以及反射和环境贴图。利用该功能，用户可以在多种环境中以各种材料迅速对其设计进行可视化处理。

 任务试题

一、填空题

（1）草图参数设置（Sketch Preferences）对话框中的_____选项可以定义捕捉垂直、水平和正交线的角度公差。

（2）可以通过导航器中的_____来观察和编辑已选定的特征的参数。

（3）通过_____命令，可以替换体和基准，还可以把独立的特征从一个体上重新依附到另一个体上。

（4）在制图中，使用_____尺寸标注，就可以完成大部分尺寸标注。

（5）为了在一条曲线或者一个面上创建一组多重的点，可以使用_____命令。

（6）在部件导航器中，通过_____操作，能暂时从零件历史记录中去除和恢复一个特征，但是一些编辑操作仍然受该特征的影响。

（7）新创建的几何体放置于_____层。

（8）为了知道某一个层中对象的数目，可以在层设置对话框中打开_____选项。

（9）_____命令可以将首尾相连的线串创建为一条样条曲线；_____命令可以在两条曲线之间创建一条曲线；_____命令可以从一条曲线创建首尾拟合的线串。

（10）输入位置数据以便工作的坐标系称为_____。

（11）为了使所建立的模型随时按需要可变，应确保模型特征的_____和_____。

（12）徒手画草图曲线时，画得稍微倾斜的直线，系统却自动变为垂直或水平，这是因为所画直线的斜度小于_____。

（13）_____命令可以创建一个与已存在的装配结构相同的新的装配结构。

（14）在草图中，允许施加周长约束（Perimeter Constraint）的曲线类型是_____和_____。

（15）对草图进行合理的约束是实现草图参数化的关键所在，草图约束包括三种类型：_____、_____和定位约束。

二、选择题

（1）当发现所建立的某些参考特征与已建立实体在其上的同一层时，要使这个部件符合公司的标准。为了移动参考特征到正确的层，应利用下列哪个选项？

A. 层移动对话框　　　　　　　B. 层复制对话框

C. 层设置对话框　　　　　　　D. 层组对话框

（2）如果需要在一装配中在两个平面对中一个柱面，可以使用哪种类型配对条件？

A. 贴合（Mate）　　　　　　　B. 对齐（Align）

C. 对中（Center）（1 to 1）　　D. 对中（Center）（2 to 1）

（3）如果需要利用一已存视图去建立部件的正交视图，应该选择哪一个视图去确定新视图的正交空间与对准？

A. 仅仅 TOP 视图　　　　　　　B. 除另一正交视图外的任一视图

C. 除正视图外的任一视图　　　　D. 任一视图

（4）在建立 UG 新文件 tool_ 1. prt 时，在新建文件对话框中需要输入的名称是：

A. tool_ 1　　　　　　　　　　B. PART ＼ tool_ 1

C. （tool_ 1. prt）　　　　　　D. tool_ 1. prt

（5）在拉伸（Extrude）命令中，如果希望结果总是片体（Sheet Body），应该使用哪种功能？

A. 建模预设置中设置体类型为片体

B. 当截面为封闭时，无论如何都产生实体

C. 在拉伸参数中不使用偏置选项

D. 建模预设置中设置体类型为片体，并在拉伸中不要使用偏置

（6）新建文件的快捷键是_____。

A. Ctrl + B　　　　　　　　　　B. Ctrl + Shift + B

C. Ctrl + Shift + K　　　　　　D. Ctrl + N

（7）你可以通过_____旋转视图，释放鼠标停止旋转。

A. 拖拽鼠标左键　　　　　　　　B. 拖拽鼠标右键

C. 拖拽鼠标中键　　　　　　　　D. 滚动鼠标中键

（8）第一次打开一个已经存在的部件，假如要想知道一个样条曲线的详细信息，应该用哪个菜单选项？

A. 信息→自由形状→样条曲线　　B. 编辑→样条曲线

C. 帮助→样条信息　　　　　　　D. 信息→样条曲线

（9）如果正在建立一挖空，并且已键入一负的壁厚值并选择了要移除的面，壁厚将相对于原实体何处建立？

A. 内侧　　　　　　　　　　　　B. 外侧

C. 内侧和外侧各一半　　　　　　D. 不能输入负的壁厚值

（10）引用集的主要目的是_____。

A. 连接组件几何体　　　　　　　B. 包括或排除在下一级装配中的组件对象

C. 观察一个组件的部件历史　　　D. 允许建立部件间表达式

三、简答题

（1）说出草图的三种约束状态。

（2）何为 UG 中的体？包括哪几种？它们有什么区别？

（3）基准面的用途有哪些？

（4）试述草图的创建步骤。

四、分析题

分析参数化建模有哪些优点？

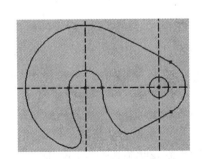

图 4-18　挂钩零件示意图

五、实操题。

完成图 4-18 所示图形的绘制（尺寸不限）。

UG 模具设计综合实例

任务一　Mold Wizard 基础知识

任务目标

（1）了解 Mold Wizard 的发展及应用。

（2）掌握 Mold Wizard 工具条的相关应用。

（3）掌握模具三维设计中的框架结构。

基本概念

一、Mold Wizard 简介

Mold Wizard 是 UG 软件中设计注塑模具的专业模块。Mold Wizard 为设计模具的型芯、型腔、滑块、推杆和嵌件提供了更进一步的工具，使模具设计变得更快捷、容易，它的最终结果是创建出与产品参数相关的三维模具，并能用于数控加工。

Mold Wizard 用全参数的方法自动处理那些在模具设计中耗时而且难做的部分，而产品参数的改变将反馈到模具设计中，Mold Wizard 会自动更新所有相关的模具零部件。

Mold Wizard 集成了许多公司的模架和标准件，这些模架库和标准件库包含有参数化的模架装配结构和模具标准件，很大程度上方便了模具设计人员，大大提高了模具设计效率。用户也可以根据自己的需要定义和扩展 Mold Wizard 数据库，目前成都航空职业技术学院模具教研室已经成功开发出了基于 Mold Wizard 平台的中国国家标准（GB）塑料模架库。

Mold Wizard 模块是基于 UG 平台的智能化注塑模具设计的核心部分。它所提供的功能及其应用的一般流程如图 5 – 1 所示。

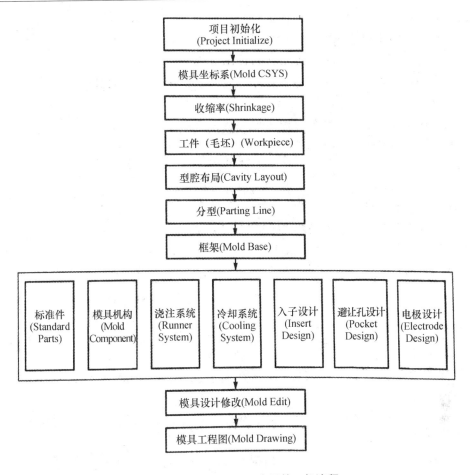

图 5 – 1　Mold Wizard 应用的一般流程

二、Mold Wizard 工具条

Mold Wizard 模块的各项命令都可以从工具条中运行，选择菜单栏中"开始"→"所有应用模块"→"注塑模向导"选项即可打开 Mold Wizard 工具条。如图 5 – 2 所示。

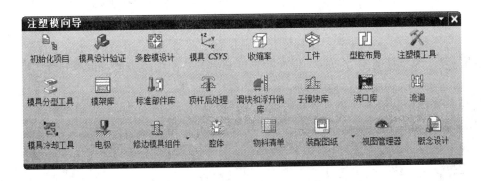

图 5 – 2　Mold Wizard 工具条

Mold Wizard 工具条中各工具图标说明如下：

（1）初始化项目。用于导入塑件、产品加载，是模具设计必备的第一步骤。导入塑件后系统将进行项目初始化，生成用于存放布局、分模、型芯和型腔等信息的一系列文件，将模具的装配框架创建成功。

（2）模具设计验证。通过模具组件、产品质量以及分型开模三方面进行模具的综合验证。

（3）多腔模设计。在一个模具内可以生成多个不同塑料制品的型芯和型腔。此命令用于一模多腔不同零件的应用。

（4）模具 CSYS。Mold Wizard 自动处理过程是要根据一定的坐标系指向来进行的，如默认的 Z 轴为成品的顶出方向。只有正确地设置模具坐标系统才能顺利地完成模具设计任务。此命令用于将当前设置的工作坐标系统转换成为模具坐标系。

（5）收缩率。高温液态的塑料在型腔内冷却成固态塑料制品时会产生收缩，在设计型芯和型腔时就要在塑料制品的基础上补偿这种收缩。此命令可以根据塑料的种类指定其收缩率。

（6）工件。模具的型芯和型腔是用一定尺寸的工件（或者说毛坯）加工而成的。此命令用于定义工件的形状和尺寸。

（7）型腔布局。模具的型腔在模具中可以是矩形、圆形、平衡式、非平衡式等多样的分布。此命令用于设置型腔的数量及其分布情况。

（8）注塑模工具。为顺利完成模具分型，此工具提供了大量的命令，主要是用于修补塑件的工具。

（9）模具分型工具。可将毛坯分割成型芯、型腔。分模过程包括分型线、分型面、分割型芯和型腔等几方面，这是模具设计的关键步骤之一，也是本书的一个重点。

（10）模架库。可以直接调用系统所提供的模架厂家的模架装配组件的命令。模架库中的数据都是标准的，不仅可以按自己的要求选择合适的模架，而且还能对部分模架参数进行修改。

（11）标准部件库。包含模具设计过程中常用的标准件，如浇口套、定位圈、顶杆、螺钉等。这些标准件是按功能分类的，而且也可以进行参数的修改。

（12）顶杆后处理。顶杆也是标准件之一，设计顶杆时，先从标准件库中选出合适的顶杆，然后用此命令修剪顶杆端部使其符合零件的外形。

（13）滑块和浮升销库。塑件上如果存在侧向凸凹，模具开模时便不能顺利地从模腔中取出塑件，需要设计侧向分型与抽芯机构，在取件之前先完成抽芯动作。

（14）子镶块库。模具上某些特征，特别是有形状简单且比较细长的，或者是处于难加工的位置，为模具的制造增加了很大的难度及成本，使用镶块就可以较好地解决这些问题。此命令便可以实现从型芯或型腔中分割出镶块的功能。镶块又名"入子"。

（15）浇口库。液态塑料进入模腔的入口，其形状、位置、大小对塑件质量的影响很大。Mold Wizard 中提供了 8 种浇口，用户可以任意选择并进行尺寸修改。

（16）流道。由主流道到浇口的一段通道，它不可避免地影响塑料进入模腔的热学和力学性能，对于一模多腔的模具应合理布置流道。

（17）模具冷却工具。为了控制塑件的变形并提高生产效率，模具设计冷却系统是必不可少的。此命令可以辅助用户合理地布置冷却孔，并设计出相关的冷却元器件。

（18）电极。复杂的型芯或型腔，使用一般的加工方法，包括数据铣削等方法都很难加工，很多时候就需要用电火花加工，它可以很好地复原型芯和型腔的轮廓。电极是电火花加工所必需的，当指定电极坐标系后，此命令可以创建电极并可建立电极工程图。

（19）修边模具组件。可以根据型芯或型腔的表面对镶块或标准件进行修剪，使其符合产品外形需求。

（20）腔体。可在与标准件相交的所有零件上建立此标准件的避让孔，形成指定的间隙，这些孔洞保持与标准件在尺寸和形状上的相关性。

（21）物料清单。将当前模具结构中的标准件型号、尺寸等信息列表汇总。

（22）装配图纸。提供了完备的功能创建模具工程图，与一般零件或装配体的工程图相比更快捷高效，功能更齐备。既能提供模具装配图生成功能，又能提供模具组件图生成功能。

（23）视图管理器。将模具装配零部件按模具功能进行分类，方便用户查看浏览，提高设计效率。

（24）概念设计。按照已定义的信息配置，并安装模架及标准件。

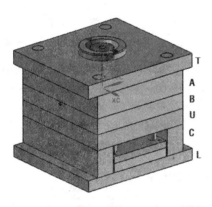

T 板—定模座；A 板—定模板；B 板—动模板；
U 板—支承板；C 板—垫块；L 板—动模座

图 5 - 3　塑料模具框架

三、Mold Wizard 框架结构

Mold Wizard 注塑模具三维设计是一个基于装配体的设计过程。设计开始就要进行模具项目的初始化并搭建模具的装配框架。此框架由多个有层次关系的零部件节点组成，每个节点与模具三维模型中的一个零部件相对应。框架中所有的节点开始都是空的，没有三维模型，随着模具项目的深入，节点的三维模型会生成并不断完善，节点的数量也会增加，框架的结构同样会有所变化。

下面来分析塑料瓶盖模具的框架结构，图5 - 3所示为模具中每个模板零件的简称及其字母表示。这种表示方法是模具三维设计中通用的，在 Pro/E 等软件中也是如此。

 任务试题

1. 简述什么叫 Mold Wizard。

2. 至少说出 Mold Wizard 工具条中的五个工具及作用。

任务目标

（1）掌握 Mold Wizard 的应用。
（2）掌握塑料模具设计的一般流程。
（3）能够设计一整套完整的塑料模具。

基本概念

　　塑件内形有侧凸、侧凹时，塑件不能直接从模具中脱出，很多时候需要设计斜滑块，在将塑件顶出模腔前或在顶出的同时，完成斜滑块的内侧抽芯运动，使塑件能够顺利地从模腔中脱离。本实例以瓶盖模具设计为例，阐述具有内抽芯机构且为点浇口结构的模具设计方法，图5-4为瓶盖塑件。

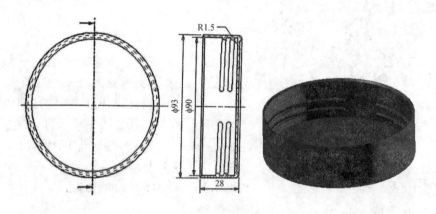

图 5-4　瓶盖塑件

一、产品设计要求

（1）材料：PC + ABS。
（2）生产批量：中等批量。

二、模具方案的确定

　　此塑件是一个很典型的瓶盖零件，在内壁上有两圈不完整的螺纹，要成功取出塑件，模具结构上考虑用斜滑块内抽芯机构，在顶出塑件的同时实现左右两斜滑块的内抽运动，具体工艺方案分析如图5－5所示。

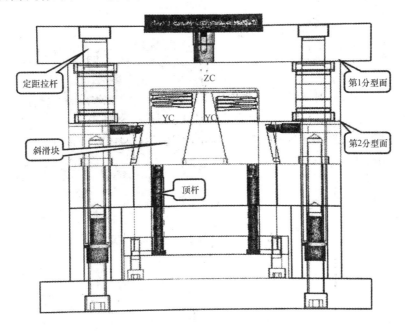

图5－5　瓶盖模具主视图

（1）分型面。主分型面取在塑件开口侧的端面，也就是图5－5中的第2分型面，图5－5中的第1分型面是模具开模时先打开的面，其打开的距离由定距拉杆控制，打开的目的是便于取出浇注系统。

（2）塑件批量不大。采用一模一件型腔布局形式。

（3）中心点浇口。从塑件上端中间进料，料流沿塑件高度向下，料流顺畅，易于排气，利于保证塑件的内部质量。

（4）采用顶杆推出。顶杆顶在两个斜滑块的底部，在顶出塑件的同时实现斜滑块的内抽运动。为了保证斜滑块在顶出时不会脱离模具，在模具侧面加了限位销钉。

三、模具三维设计工作过程

启动UG软件，单击屏幕左侧的"角色" 按钮，进入角色面板中设置角色为"具有完整菜单的高级功能"。如图5－6所示。

此时查看自己的软件界面左上角，若有"开始"按钮，则可直接将"注塑模向导"工具条打开，若没有，可点击"命令查找器" 按钮，如图5－7所示，在弹出的"命令查找器"对话框中输入"注塑模向导"，单击 按钮，在搜索结果中可以看到"注塑模向导"的命令，点击即可打开工具条。如图5－8所示。

1. 项目初始化

（1）单击"初始化项目" 按钮，在打开的对话框中找到瓶盖塑件所在的文件夹，选择瓶盖塑件，单击"OK"按钮，进入"初始化项目"对话框。如图5－9所示。

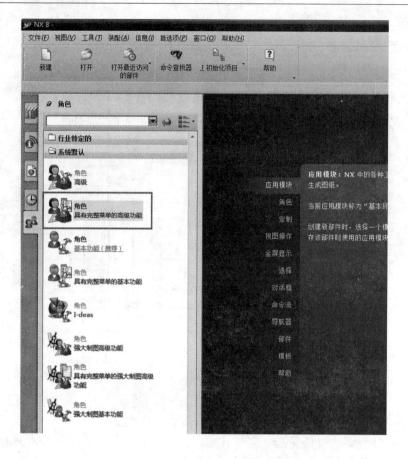

图 5-6 设置角色为"具有完整菜单的高级功能"

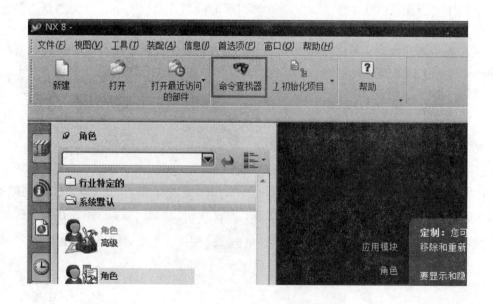

图 5-7 "命令查找器"按钮

图 5 – 8　"命令查找器"对话框

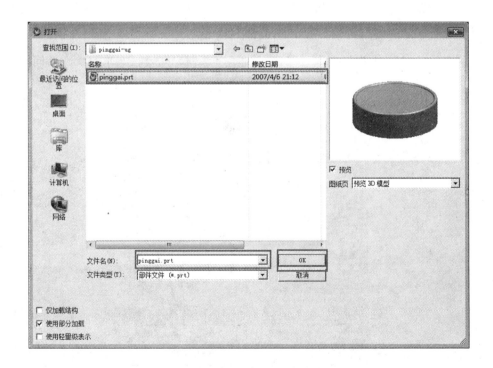

图 5 – 9　选择塑件

（2）在打开的"初始化项目"对话框中，将"配置"选项修改成"原先的"，单击"确定"按钮完成瓶盖模具初始化操作。如图 5 – 10 所示。

图 5 – 10　瓶盖模具初始化操作

2. 设置收缩率

单击"收缩率" ![按钮图标] 按钮，在"缩放体"对话框中，将"类型"设置为"均匀"，将"比例因子"设置为"1.0045"，单击"确定"按钮，完成收缩率的设置。如图 5 – 11 所示。

图 5 – 11　收缩率的设置

3. 建立毛坯

单击"工件"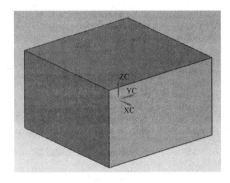按钮，系统弹出"工件"对话框，在对话框中输入相应参数，建立一个长×宽×高为 140×140×85（mm）的长方体毛坯，其中 X－Y 平面以下 Z 的值为 35，X－Y 平面以上 Z 的值为 50，单击"确定"按钮完成矩形毛坯的设置。如图 5－12 所示，图 5－13 为完成毛坯工件设置后的工件效果图。

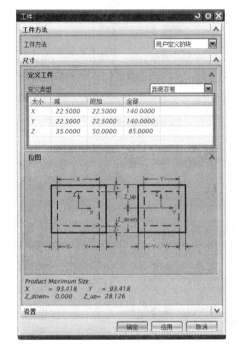

图 5－12　"工件"对话框

图 5－13　完成毛坯的建立

4. 模具分型

（1）模具分型工具。单击"模具分型工具"按钮，系统弹出"模具分型工具"的工具条，选择"设计分型面"按钮。如图 5－14 所示。

图 5－14　"模具分型工具"工具条

（2）设计分型面。

1）在弹出的"设计分型面"对话框中选择"编辑分型线"下面的"选择分型线"。如图 5－15 所示。

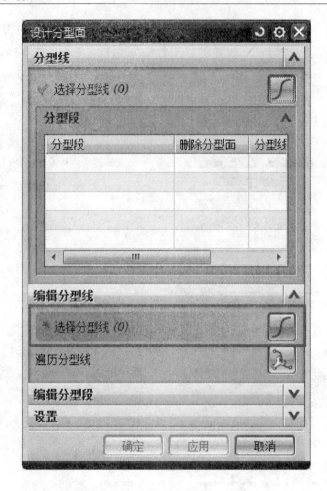

图 5 – 15　"设计分型面"对话框

2）在部件上进行手动选择分型线，单击"设计分型面"对话框中的"应用"按钮。如图 5 – 16 所示。

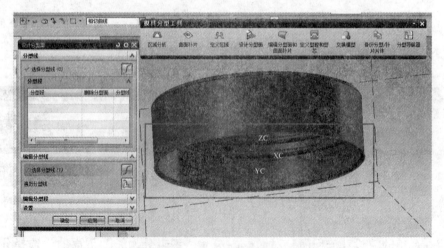

图 5 – 16　手动选择分型线

3）单击"应用"按钮后就可以看到形成的分型面。如图 5 – 17 所示。

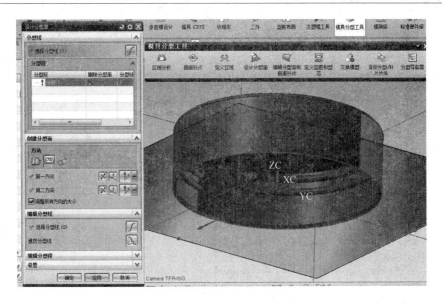

图 5－17　分型面形成

4）在此时的"设计分型面"对话框中，选择"创建分型面"下面的"有界平面"
按钮，然后单击"确定"按钮，完成分型面的设置。如图 5－18 所示。

图 5－18　选择"有界平面"按钮

（3）定义区域。

1）在"模具分型工具"的工具条中选择"定义区域" 按钮，系统弹出"定义区域"对话框，在对话框中"区域名称"选项中选择"型腔区域"选项，然后单击"搜索区域"右边的 按钮，如图 5 – 19 所示。弹出"搜索区域"对话框，如图 5 – 20 所示，在屏幕上选择塑件任意一个外表面作为型腔区域的种子面，如图 5 – 21 所示，单击"确定"按钮，系统自动搜索到 5 个塑件外表面并返回"定义区域"对话框。如图 5 – 22 所示。

2）定义型芯区域，在对话框中"区域名称"选项中选择"型芯区域"选项，然后单击"搜索区域"右边的 按钮，弹出"搜索区域"对话框，在屏幕上选择塑件任意一个内表面作为型芯区域的种子面，如图 5 – 23 所示，单击"确定"按钮，系统自动搜索到 24 个塑件外表面并返回"定义区域"对话框。如图 5 – 24 所示。

3）以上操作完成后，"型腔区域"的数量为 5，"型芯区域"的数量为 24，"所有面"的数量为 29，验证：型腔区域 + 型芯区域 = 所有面，若等式不成立，则需要重新搜索区域，若成立则选择"设置"选项下面的"创建区域"选项，单击"确定"按钮完成操作。

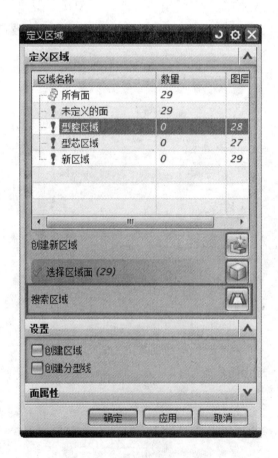

图 5 – 19　"定义区域"对话框

图 5 − 20　"搜索区域"对话框

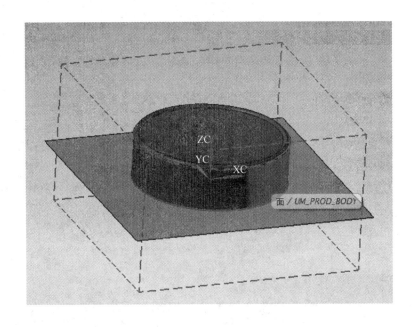

图 5 − 21　选择塑件任意一个外表面

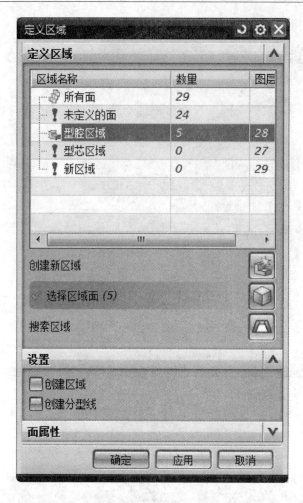

图 5 - 22 定义完成后的"定义区域"对话框

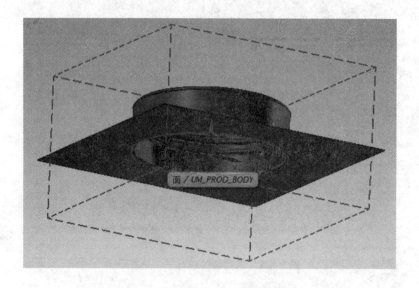

图 5 - 23 选择塑件任意一个内表面

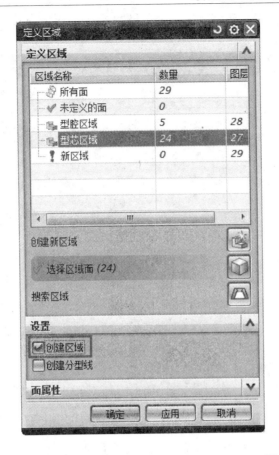

图5-24　型腔区域和型芯区域均定义完成后的"定义区域"对话框

（4）型腔和型芯。

1）在"模具分型工具"的工具条中选择"定义型腔和型芯" 按钮，弹出"定义型腔和型芯"对话框，选择"所有区域"选项，单击"确定"按钮。如图5-25所示。

2）系统弹出"查看分型结果"对话框，并在屏幕中预览分型出来的型腔，如图5-26所示，单击"确定"按钮。

3）系统再次弹出"查看分型结果"对话框，并在屏幕中预览分型出来的型芯，如图5-27所示，单击"确定"按钮。

4）系统退回到"模具分型工具"界面，如图5-28所示，此时分型完成，单击工具条上的"保存" 按钮，然后关闭小窗口（注：关闭的是工件窗口而非软件系统）。

5）窗口显示为分型后的型芯界面，单击工具条上的"保存" 按钮，然后关闭小窗口，如图5-29所示（注：关闭的是工件窗口而非软件系统）。

6）窗口显示为分型后的型腔界面，单击工具条上的"保存" 按钮，然后关闭小窗口，如图5-30所示（注：关闭的是工件窗口而非软件系统）。

7）窗口显示为分型后的模具装配界面，因为前面关闭了型芯和型腔的窗口，所以此时型腔和型芯都是隐藏状态，在"装配导航器"中将型芯和型腔重新勾选出来即可显示。

如图 5 - 31 所示。

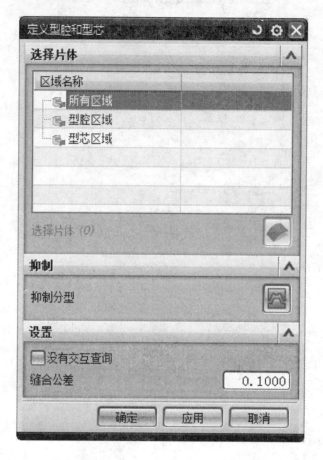

图 5 - 25 "定义型腔和型芯"对话框

图 5 - 26 创建型腔

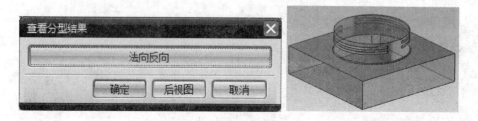

图 5 - 27 创建型芯

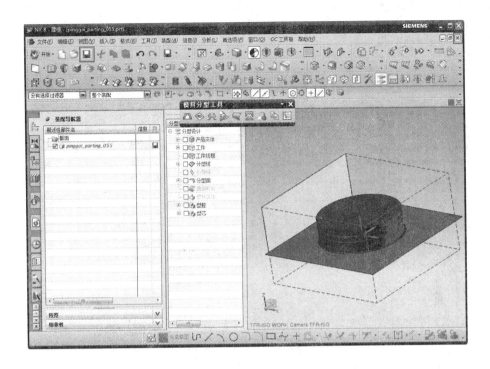

图 5 – 28 完成模具分型

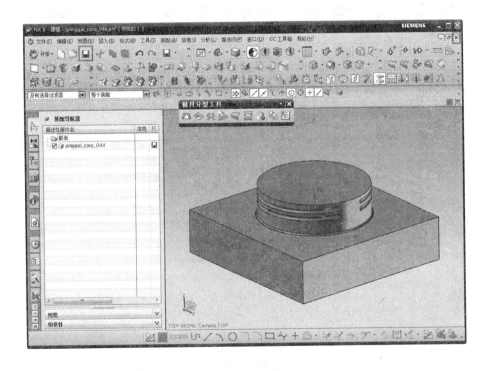

图 5 – 29 分型后型芯部分

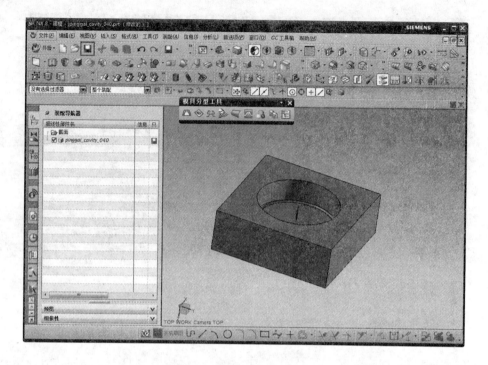

图 5-30　模具分型后型腔部分

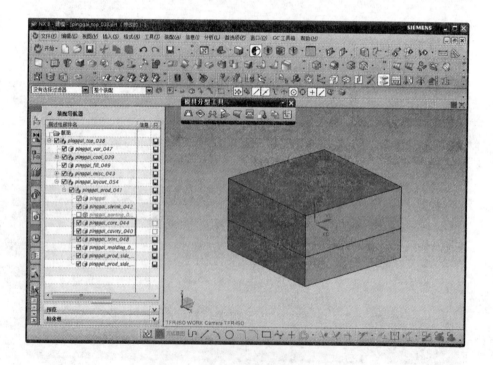

图 5-31　完成模具分型后的装配状态

5. 型芯的处理

分型得到的型芯离最终形状相差较远，需要进行适当的设计修改。

在"装配导航器"中找到型芯 pinggai_ core，并通过右击弹出的级联菜单将其转化为显示部件。

（1）建立分割线和分割面。

1）进入"建模"模块，在"成型特征"工具条中单击"草图" ![草图] 按钮，弹出"创建草图"对话框，如图 5 - 32 所示，选择 YC - ZC 坐标平面的平行平面为草绘平面，如图 5 - 33 所示，绘制如图 5 - 34 所示的四条直线，注意这四条直线的平行与对称关系。

图 5 - 32　"创建草图"对话框

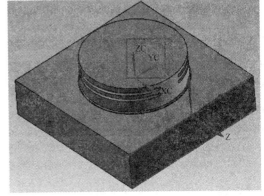

图 5 - 33　选择的草绘面

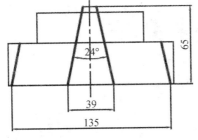

图 5 - 34　草绘分割线

2）单击"拉伸" ![拉伸] 按钮，选择刚绘制的四条草图直线，输入拉伸的起始值为 10、结束值为 - 150，如图 5 - 35 所示，单击"确定"按钮完成拉伸平面。效果如图 5 - 36 所示。

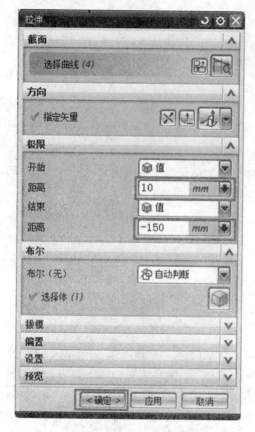

图 5 – 35　"拉伸"对话框

图 5 – 36　拉伸平面

（2）分割型芯形成斜滑块。

1）在"特征操作"工具条中单击"修剪体" 按钮，弹出"修剪体"对话框，单击"选择体"后面的图标 ，然后选择型芯作为修剪的目标体，单击"选择面或平面"后面的图标 ，选择分割面 1 作为刀具片体，单击"确定"按钮完成左侧型芯的修剪。如图 5 – 37 所示。

同理，选择型芯作为修剪的目标体，选择分割面 4 作为刀具片体，完成右侧型芯的修剪。

注意：修剪的目标体和刀具片体均选择完毕后，绘图区可以预览工件修剪后的效果，如果修剪的方向非自己所需要的方向，如图 5 – 38 所示，则可双击图中箭头，将箭头方向转为反向即可得到正确的修剪。

2）在"特征操作"工具条中单击"拆分体" 按钮，弹出"拆分体"对话框，单击"选择体"后面的图标 ，然后选择型芯作为拆分的目标体，单击"选择面或平面"后面的图标 ，选择分割面 2 作为刀具片体，单击"确定"按钮完成左侧滑块的拆分。如图 5 – 39 所示，拆分后的效果如图 5 – 40 所示。

图 5-37 "修剪体"对话框

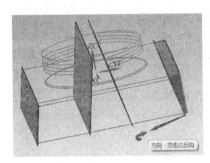
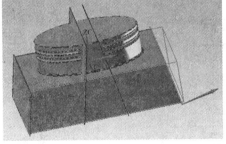

图 5-38 修剪结果预览

图 5-39 "拆分体"对话框

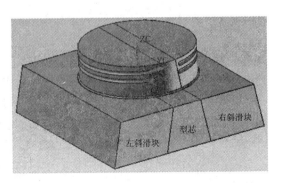

图 5-40 完成修剪和拆分后的型芯与斜滑块

同理，选择型芯作为拆分的目标体，选择分割面3作为刀具片体，完成右侧滑块的拆分。

注意：当工具栏中找不到需要的工具时，可以用"命令查找器" 按钮查找。

（3）设计型芯定位台阶。在此塑料瓶盖模具中，左右斜滑块在模具顶出时要运动，完成内抽芯和顶出塑件的动作，而中间的型芯是不运动的，所以要为型芯设计定位台阶。

先在台阶面草绘出台阶的截面图，再用"拉伸"命令将台阶拉伸出来。效果如图5-41所示。

将该窗口保存然后关闭，返回到装配图的界面，得到型芯和塑件的效果如图5-42所示。

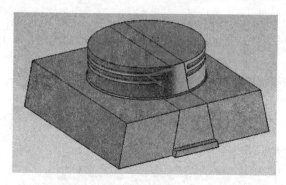

图5-41 型芯拉伸台阶后的效果图

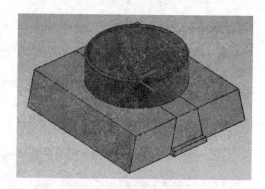

图5-42 型芯和塑件的效果图

6. 选用模架与标准件

（1）选用模架。在模具装配图界面，打开"注塑模向导"工具条，单击"模架库"按钮，在"模架管理"对话框中选择："目录"为 FUTABA_ DE，"类型"为 EA，"模架编号"为2325，AP_ h = 50，BP_ h = 35，其余参数取默认值。单击"应用"按钮完成模架的加载。接着单击"旋转模架"按钮，使模架旋转90°，单击"取消"按钮退出"模架管理"对话框。

此款模架除了在A、B板之间可以分开以外，在A、T板之间也可以分开，形成两个分型面。开模时A、T板先分开，实现第一次分型，分开的距离由定距拉杆控制，第一次分型至一定距离时，A、B板才分开，实现第二次分型。这种模架很适合点浇口系统。

（2）选用浇口套与定位圈。在"注塑模向导"工具条中单击"标准部件库" 按钮，在弹出的"标准件管理"对话框中选择"目录"为 FUTABA_ MM，在"分类"列表中选择浇口套 Sprue Bushing。进入"尺寸"选项卡，修改长度参数 CATALOGE_ LENGTH = 30，单击"应用"按钮，浇口套被加载到模具中。

返回"目录"选项卡单击"重定位"按钮，在"重定位组件"对话框中单击"平移"按钮，在"变换"对话框中输入 DZ = 10，按回车键后单击"确定"按钮返回"标准件管理"对话框。浇口套向上移动了10mm。

在"分类"列表中选择定位圈 Locating Ring，选择"类型"为 M_ LRB，选择孔径 BOTTOM_ C_ BORE_ DIA 为50，单击"应用"按钮完成定位圈的加载。

浇口套与定位圈加载完成时的效果如图5-43所示。

（3）选用顶杆。在"标准件管理"对话框选择"目录"为 FUTABA_ MM，在"分类"列表中选择直顶杆 Ejector Pin Straight，选择顶杆直径 CATALOG_ DIA = 8。进入"尺寸"选项卡，修改长度参数 CATALOG_ LENGTH = 75，其余选择默认。单击"应用"按钮，系统弹出"点构造器"，提示选择顶杆的定位点，如图5-44所示，在"点构造器"中分别输入坐标点（60，50，0）、（-60，50，0）、（-60，-50，0）、（60，-50，0），得到四个顶杆后，在"点构造器"中单击"取消"按钮返回"标准件管理"对话框。

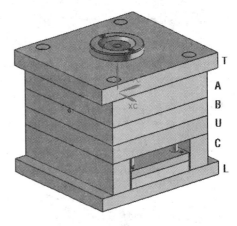

图5-43 加载模架后模具效果图

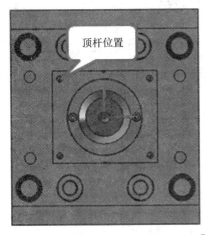

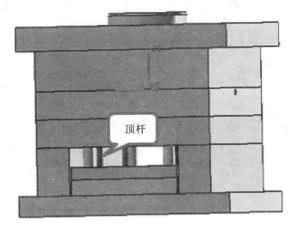

图5-44 顶杆设计

单击"取消"按钮退出"标准件管理"对话框。

图5-45 顶杆倒圆角后效果图

为了减小顶杆与斜滑块底部的摩擦，应用对顶杆端部倒圆角处理，倒角值可取成 R3.9。

可以在装配树中任意找到一个顶杆节点，将其转换为显示部件，采用"边倒圆"命令将顶杆的 TURE 实体顶部倒 R3.9 的圆角，返回 TOP 根节点后，其余三个顶杆会自动完成倒角。如图5-45所示。

7. 模板的关联修改

（1）关联修改 B 板。在"装配导航器"对话框中通过复选项先关闭所有零件的显示状态，然后将 pinggai_ b_ plate（B 板）设为工作部件，并选择 pinggai_ core（型芯）复选项使其在屏幕中显示出来，这样在屏幕中就只有 B 板和型芯处于显示状态，且 B 板是工作零件。

单击菜单"开始"→"装配"启动装配模式，在"装配"工具条中打开"WAVE几何链接器"对话框，选择"体"关联类型，选择"固定与当前时间戳记"复选项，然后在屏幕中选择两个斜滑块和型芯共三个实体，单击"确定"按钮完成体关联操作。在"装配导航器"对话框中通过复选项关闭 pinggai_ core（型芯）的显示状态，这样屏幕中就只有B板及被关联到B板中的三个实体了。

单击菜单"开始"→"建模"启动建模模式，在"特征操作"工具条中单击"求差"按钮，选择B板作为目标体，选择三个关联实体作为工具体，单击"应用"按钮后得到如图5-46、图5-47所示的效果。

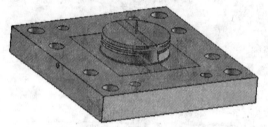 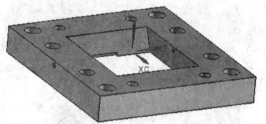

图5-46　体关联后的状态效果　　　　　图5-47　B板修改完成后的状态效果

（2）关联修改A板。同理，通过操作"装配导航器"，在屏幕中只显示出A板和型腔，且将A板设置为工作零件。

在"装配"工具条中打开"WAVE几何链接器"对话框，选择"体"关联类型，选择"固定与当前时间戳记"复选项，然后在屏幕中选择型腔，单击"确定"按钮完成体关联操作。在"装配导航器"对话框中通过复选项关闭型芯的显示状态，这样屏幕中就只有A板及被关联到A板中的实体了。

在"成性特征"工具条中单击"拉伸"按钮，选择关联体上表面中的4条边缘作为拉伸线，向下拉伸足够的距离，选择"求差"选项，在A板的中间拉伸剪切出一个方形孔洞，得到如图5-48所示的"选择拉伸线效果图"。

在"特征操作"工具条中单击"求和"按钮，选择A板作为目标体，选择关联实体作为工具体，单击"应用"按钮后得到如图5-49所示的"A板效果"，此时的A板中间有了一个型腔。

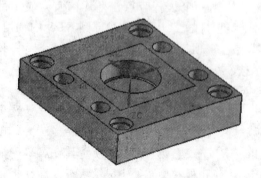 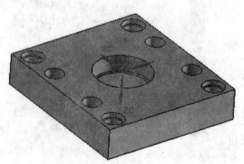

图5-48　选择拉伸线效果　　　　　图5-49　A板修改完成后的状态效果

8. 斜滑块限位装置设计

（1）在斜滑块上建立限位槽。在"装配导航器"对话框中找到型芯，并通过右击弹出的级联菜单将其转为显示部件。

首先绘制草图，在"成性特征"工具条中单击"草图"按钮，选择左侧斜滑块的侧面作为草图平面，如图 5 - 50 所示，绘制如图 5 - 51 所示的草图。

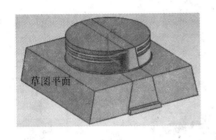

图 5 - 50　草图平面

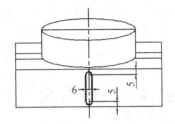

图 5 - 51　草绘图

完成草图退出草图环境，单击"拉伸"按钮，选择刚才绘制的草图线框，在"拉伸"对话框中输入起始值为 0，结束值为 5，设置拉伸方向为 YC 轴，选择"求差"运算，在左侧斜滑块中拉伸剪切出限位槽。其效果如图 5 - 52 所示。

同理，在右侧斜滑块的斜侧面上绘制草图并拉伸剪切出限位槽（注意拉伸的方向为 - YC 轴）。

（2）加载限位钉。通过"窗口"下拉菜单切换到 TOP 根节点环境，启动"视图管理器"命令，将动模部件单独显示在屏幕中。

单击"标准部件库"按钮，在弹出的"标准件管理"对话框中选择"目录"为 DME_ MM，在"分类"列表中选择螺钉 Grub Screw（GS），选择"螺纹"为 M8。进入"尺寸"选项卡，修改以下参数：LENGTH = 16，ENGAGE = 46，DEPTH = 47。

单击"应用"按钮，如图 5 - 53 所示，选择 B 板的左侧面作为螺钉定位面，在"点构造器"中输入坐标（0，12，0），单击"确定"→"确定"按钮产生左侧的限位螺钉，在"点构造器"中单击"取消"按钮返回"标准件管理"对话框。

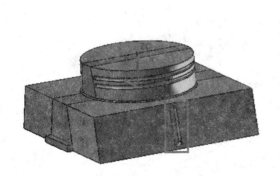

图 5 - 52　拉伸出限位槽

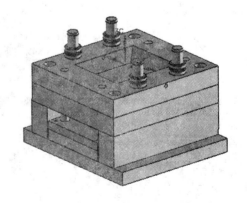

图 5 - 53　加载限位螺钉

继续在"标准件管理"对话框中操作，在"目录"选项卡中选择"添加"选项，直接单击"应用"按钮，选择 B 板的右侧面作为定位面，同样在"点构造器"中输入坐标（0，12，0），在右侧位置创建出一颗限位螺钉。两侧限位钉加载完成时的效果如图 5-54 所示。

（3）修改限位钉。在装配树中找到限位钉，将其转换为显示部件，开始对其进行修改设计。

限位钉主要修改三个地方，1 为倒 R3 圆角，2 和 3 均为 C1 倒角，修改完成后的效果如图 5-55 所示。

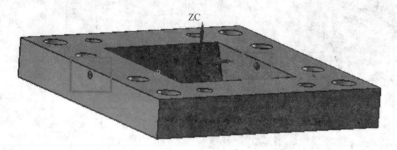

图 5-54　限位钉加载完成时的效果图

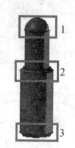

图 5-55　修改限位
钉效果图

9. 浇注系统的设计

塑料瓶盖模具的浇注系统为点浇口系统，进料点在塑件顶端中间位置。

单击"视图管理器"按钮，将定模部件单独显示在屏幕中。

在"注塑模向导"工具条中单击"浇口库" ▉ 按钮，在"浇口设计"对话框中作如下设置："平衡"为"否"，"位置"为"型腔"，"类型"为 pin point，d2 = 7，BHT = 24，B = 5。

单击"应用"按钮，系统弹出"点构造器"对话框并提示选择进料点，采用"圆弧中心/椭圆满中心/球心"捕捉，在屏幕中选择型腔底部圆的圆心，在"矢量"对话框中选择 -ZC 轴作为进料的方向，单击"确定"按钮完成点浇口的设计。点浇口效果如图 5-56 所示。

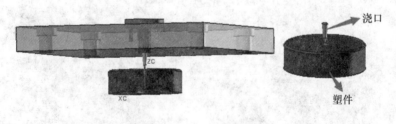

图 5-56　创建点浇口

10. 定距分型机构的完善设计

在瓶盖模具中，定距分型机构由一组定距拉杆构成，它用来控制第一分型面（A、T 板之间）的打开距离。在定距拉杆底部装上定位用的垫圈，并用螺钉将垫圈固定在定距拉杆底部，如图 5 - 57 所示。

11. 建立避让孔

在视图管理器中将所有模具零部件都显示在屏幕中，在"注塑模向导"工具条中单击"腔体"按钮，打开"腔体"对话框。单击"刀具"选项组中"选择对象"按钮，在屏幕中分别选择浇口套、定位圈、4 根顶杆、两颗限位钉、一个点浇口实体作为工具体，单击"查找相交"按钮，单击"应用"按钮完成全部避让孔的建立。

最终完成模具的三维效果如图 5 - 58、图 5 - 59、图 5 - 60 所示。

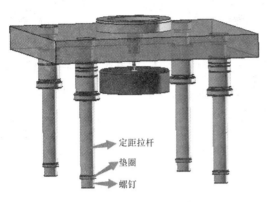

图 5 - 57　定距分型机构

图 5 - 58　瓶盖模具效果（定模）

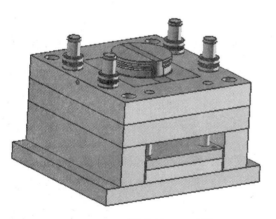

图 5 - 59　瓶盖模具效果（动模）

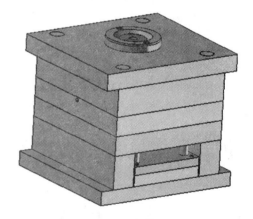

图 5 - 60　瓶盖模具效果

任务试题

将本任务的模具设计，在不看书的前提下自己完成一遍。

项目一

任务一　模具基本知识

1. 答：模具是用来成型物品的工具，这种工具由各种零件构成，不同的模具由不同的零件构成。它主要通过所成型材料物理状态的改变来实现物品外形的加工。

2.（略）。

3. 答：最常见的模具分两大类：五金模具和塑胶模具。

常见的五金模具：冲压模、锻模、压铸模具等。

常见的塑胶模具：注射模具、压缩模具、压注模具、挤出模具、吹塑成型模具等。

任务二　常见模具工量具

1. 答：①扳手。②螺钉旋具。③手钳。④手锤。⑤铜棒。

2. 答：①游标卡尺。②高度尺。③深度尺。④扭力扳手。

3. 答：①万用表。②剥线钳。③压线钳。④电热水口钳。⑤美工刀。

4. 答：①吊环螺钉。②钢丝绳。③手拉葫芦。④钢丝绳电动葫芦。

5. 答：①拔销器。②起销器。

6. 答：撬杠主要用于搬运、撬起笨重物体，而模具拆装常用的有通用撬杠和钩头撬杠。

7. 答：（1）液压千斤顶使用时底部要垫平整、坚韧、无油污的木板以扩大承压面，保证安全。不能用铁板代替木板，以防滑动。

（2）起升时要求平稳，重物稍起后要检查有无异常情况，如无异常情况才能继续升顶。不得任意加长手柄或过猛操作。

（3）不超载、超高。当套筒出现红线时，表明已达到额定高度，应停止顶升。

（4）数台液压千斤顶同时作业时，要有专人指挥，使起升或下降同步进行。相邻两台液压千斤顶之间要支撑木块，保证间隔以防滑动。

（5）使用液压千斤顶时要时刻注意密封部分与管接头部分，必须保证其安全可靠。

（6）液压千斤顶不适用于有酸、碱或腐蚀性气体的场所。

任务三　模具模型拆装实训

1. 答：简单脱模机构有推杆脱模、推管脱模、推板脱模、气动脱模及利用活动镶件或型腔脱模和多元件联合脱模等机构。

推杆脱模机构特点：主要由推出部件、推出导向部和复位部等组成。推杆固定在推杆固定板上。推杆直接与塑件接触，开模后将塑件推出。适用情况：一种最常用的脱模机构。

推管脱模机构特点：推顶塑件力量均匀，塑件不易变形，也不会留下明显推出痕迹。适用情况：推管适用于环型、筒型塑件或塑件带孔部分的推出。

推板脱模机构特点：塑件表面不留推出痕迹，同时塑件受力均匀，推出平稳，且推出力大，结构较推管脱模机构简单。适用情况：薄壁容器、壳形塑件及外表面不允许留有推出痕迹的塑件。

活动镶件或型腔脱模机构特点：推杆设置在活动镶件或型腔之下，靠推出镶件来带出整个塑件，推出时塑件受力均匀。模外取出镶件，避免模内侧抽芯或旋螺纹，模具结构大为简化。适用情况：塑件采用螺纹型芯、螺纹型环或成型侧凹或侧孔的镶块成型。

气动脱模机构特点：采用压缩空气推出塑件，塑件受力均匀且可简化模具结构。适用情况：塑件、薄壁深腔塑件。

多种脱模方式联合脱模机构特点：采用数种脱模方式同时作用，可使塑件受力部位分散，受力面积增大，塑件在脱模过程中不易损伤和变形，可获得高精度的塑件。适用情况：形状和结构比较复杂，若仅采用一种脱模机构不能保证塑件顺利脱出或易使塑件局部受力过大而变形的塑件。

2. 答：推杆脱模机构由推出部件、推出导向部件和复位部件等组成。

3. 答：回程杆（即复位杆）的作用：使完成推出任务的推出零部件回复到初始位置。采用推板脱模机构的注塑模可以不设置回程杆。

4. 答：全自动操作的模具，当塑件经一次顶出后尚不能自动坠落者，须增加一次脱模动作，才能使塑件脱模；或者薄壁深腔塑件或外形复杂的塑件，一次脱模使塑件受力过大，也采用二次脱模，以保证塑件质量。

5. 答：模具中侧向分型抽芯机构的作用是对塑件与开模方向不一致的分型进行侧向分型与抽芯，使塑件顺利脱出。

侧向分型抽芯机构的分类：（按动力源分）手动、气动、液动和机动抽芯机构。

手动抽芯机构的优点：结构简单。缺点：劳动强度大，生产效率低，仅适用于小型制件的小批量生产。

气动、液动抽芯机构的优点：抽芯动作可不受开模时间和推出时间的影响。缺点：要通过一套专用的控制系统来控制活塞的运动实现抽芯（液压传动与气压传动抽芯机构的比较：液压传动平稳，且可得到较大的抽拔力和较长的抽芯距离，但由于模具结构和体积的限制，油缸的尺寸往往不能太大）。

机动抽芯机构的优点：抽芯不需人工操作，抽拔力较大，灵活、方便、生产效率高、容易实现全自动操作、无须另外添置设备。缺点：结构较复杂。

项目二

任务一 塑料及注射机型号参数

1. 答：塑料以合成高聚物为主要成分。它在一定的温度和压力下具有可塑性，能够流动变形，其被塑造成制品之后，在一定的使用环境条件之下，能保持形状、尺寸不变，并满足一定的使用性能要求。

2. 答：热塑性塑料受热后表现的三种物理状态如下：

（1）玻璃态：在这种状态下，可进行车、铣、钻等切削加工；不易进行大变形量的加工。

（2）高弹态：在这种状态下，可进行中空吹塑成型、真空成型、压延成型等。

（3）粘流态：塑料在这种状态下的变形不具可逆性质。一经成型和冷却后，其形状将永远保持下来。在这种状态下可进注射、挤出，压缩、压注等成型加工。

3. 答：注射成型的特点是成型周期短，能一次成型，多外形复杂、尺寸精密、带有嵌件的塑料制件；对各种塑料的适应性强；生产效率高，产品质量稳定，易于实现自动化生产。所以广泛地用于塑料制件的生产中，但注射成型的设备及模具制造费用较高，不适合单件及批量较小的塑料制件的生产。

4. 答：完整的注射成型过程包括加料、加热塑化、加压注射、保压、冷却定型、脱模等工序。

5. 答：将颗粒状态及粉状塑料从注射机的料斗送进加热的料筒中，经过加热熔融塑化成为粘流态熔体，在注射机柱塞或螺杆的高压推动下，以很大的流速通过喷嘴，注入模具行腔，经一定时间的保压冷却定型后可保持模具行腔所赋予的形状，然后开模分形获得成型塑件，这样就完成了一次注射循环。

6. （略）。

7. （略）。

任务二 塑料鱼模具结构分析

1. 答：成型零件是指塑料模具上直接与塑料接触并决定塑件形状和尺寸精度的零件。

2. 答：成型零件的工作尺寸是指成型零件上直接用以成型塑件部分的尺寸。

3. 答：塑件的花纹、标记、符号及其文字应易于成型和脱模，便于模具制造。

4. 答：吹塑模具的基本结构，主要有模具型腔、模具主体、切口部分、冷却系统、排气系统，以及导向部分等组成。另外，一些结构比较复杂的工业产品如汽车配件，其模具结构通常还需加入嵌件、抽芯、分段开合模、负压等比较特殊的结构形式。

5. 答：采用整体式结构的模具精度高，几何尺寸误差小，经久耐用，适用于一些要求较高的吹塑制品。在实际生产中已经有许多中小型工业吹塑制品和日用化学品，以及药品等许多包装瓶采用这种整体式模具成型。

6. 答：吹塑模具结构的组装方式可分为：①整体式结构。②组合式结构。③镶嵌式结构。④钢板叠层结构。⑤其他类型结构。

任务三　塑料鱼模具加工工艺分析

1. 答：在注射成型过程中，模具内除了型腔和浇注系统中有原有的空气外，还有塑料受热或凝固产生的低分子挥发气体，这些气体若不能被熔融塑料顺利地排除型腔，则可能因填充时气体被压缩而产生高温，引起塑件局部碳化烧焦，或是塑件产生气泡，或是塑料熔接不良而引起塑件强度的降低，甚至阻碍塑料填充等。为了使这些气体从型腔中及时排出，在设计模具时必须要考虑排气的问题。常见的排气方式有开设排气槽排气和利用模具分型面或模具零件的配合间隙自然排气等。

2. 答：吹塑工艺根据吹塑机的工作原理可以分为以下四种：

（1）挤出吹塑工艺：挤出吹塑分为连续式挤出吹塑和间歇式挤出吹塑两种。连续式挤出吹塑适用于快速生产小型制品，利用挤出机不断制造型坯，型坯逐一进入在一转台上的对开模具中，然后依次进行闭模，吹胀，冷却，顶出等操作。间歇式挤出吹塑则适用于生产大型吹塑制品，常用于生产高分子量的聚乙烯大型容器。

（2）注射吹塑工艺：注射吹塑是用型坯由注射机成型而得的，注射吹塑的好处是制品壁厚均匀，重量公差小，后加工少，废边少。但注射吹塑的模具费用高，因此适用于生产批量大的小型精制品，如药用瓶，化妆品瓶等。

（3）拉伸吹塑工艺：拉伸吹塑分为注拉吹和挤拉吹两种方式，注拉吹是用注塑法制得的型坯进行拉伸吹塑；挤拉吹是用挤出法制得的型坯进行拉伸吹塑。

（4）多层吹塑工艺：多层吹塑是用几种塑料以适当方法制得多层复合型坯，然后用一般吹塑工艺成型的。层吹塑是引入一层或几层具有低渗透性的聚合物，以改善制品的耐溶剂性或透气性等。

3. 答：常用的模具冷却水道方式有箱式冷却水道、钻孔式冷却水道、浇铸埋入式冷却水道、叠层模具冷却水道。

4. 答：常用的排气方式有以下三种：①在模具分型面上开设排气槽。②在模具型腔内开设排气孔。③抽真空排气。

5. 答：如果排气效果不好，残留在模具型腔的气体会使得制品表面出现条纹、凹痕、字体不清晰、不平整，甚至出现变形等缺陷。

任务四　塑料鱼模具各零部件加工

1. （略）。

2. 答：模具制造的特点有以下五点：①模具形状复杂，加工精度高。②模具零件加工过程复杂，加工周期长。③模具寿命要求高。④模具零件加工属单件小批量生产。⑤模具零件需修配、调整和试模。

3. 答：模具制造的工艺流程如下：审图→备料→加工→检验→装配→飞模→试模→生产。

4. 答：机械加工方法如下：

（1）车削加工：车削加工主要用于内外回转表面、螺纹面、端面、钻孔、铰孔、镗孔、抛光及滚花等形状的加工。

（2）铣削加工：铣削是以铣刀作为刀具加工物体表面的一种机械加工方法，适用于加工平面、沟槽、各种成型面（如花键、齿轮和螺纹）和模具的特殊形面等。铣床有卧式铣床，立式铣床，龙门铣床，仿形铣床，万能铣床，杠铣床。

（3）磨削加工：磨削是指用磨料、磨具切除工件上多余材料的加工方法。为了达到模具的高尺寸精度和低表面粗糙度等要求，大多数模具零件在经过车、铣加工后需经过磨削加工。

（4）钻削加工：钻削加工是用钻头或扩孔钻等在钻床上加工模具零件孔的方法，其操作简便，适应性强，应用很广。钻削加工所用机床多为普通钻床，主要类型有台式钻床、立式钻床及摇臂钻床。

（5）镗削加工：镗削加工是用镗刀对已有孔进一步加工的精加工方法，常用来加工有位置度要求的孔和孔系。镗削加工的范围很广，根据零件尺寸、形状、技术要求及生产批量的不同，镗削加工可在车床、铣床、镗床等机床上进行。

（6）研磨与抛光加工：由于塑料制品外观的需要，往往要求塑料模具型腔的表面达到镜面抛光的程度，如光学镜片、镭射唱片等模具对表面粗糙度要求极高。

5. 答：（1）电火花成型加工特点：①能加工普通切削加工方法难以切削的材料和复杂形状工件。②加工时无切削力。③不产生毛刺和刀痕沟纹等缺陷。④工具电极材料无须比工件材料硬。⑤直接使用电能加工，便于实现自动化。⑥加工后表面产生变质层，在某些应用中须进一步去除。⑦工作液的净化和加工中产生的烟雾污染处理比较麻烦。

（2）电火花成型加工主要用途：①加工具有复杂形状的型孔和型腔的模具和零件。②加工各种硬、脆材料，如硬质合金和淬火钢等。③加工深细孔、异形孔、深槽、窄缝和切割薄片等。

任务五　塑料鱼模具的装配

1. 答：模具装配精度主要有模架的装配精度、主要工作零件及其他零件的装配精度。主要从以下几个方面体现：①相关零件的位置精度。②相关零件的运动精度。③相关零件的配合精度。④相关零件的接触精度。

2. 答：采用修配法时应注意以下两点：

（1）应正确选择修配对象。选择那些只与本项装配精度有关，而与其他装配精度无关的零件作为修配对象；并要使修配对象易于拆装、修配量不大。

（2）应尽可能考虑用机械加工方法代替手工修配。

3. 答：互换装配法是通过严格控制零件制造加工误差来保证装配精度。该方法具有零件加工精度高、难度大等缺点，但由于具有装配简单、质量稳定、易于流水作业、效率高、对装配钳工技术要求低、模具维修方便等优点，适合于大批量生产的模具装配。

任务六　塑料鱼模具的调试

1. 答：润滑剂的作用是易于成型流动与脱模。

2. 答：在塑料成型中改善流动性的方法有：提高料温；增大注射压力；降低熔料的流动阻力；合理地设计浇注系统的形式、尺寸、位置、型腔表面粗糙度、浇道截面厚度、型腔形式、排气系统和冷却系统。

3. 答：注射成型前的准备工作包括如下几方面：①原料外观的检验和工艺性能的测定。②物料的预热和干燥。③嵌件的预热。④料筒的清洗。

4. 答：壁厚取得过小，造成塑件充模流动阻力很大，使形状复杂或大型塑件成型困难。壁厚过大，不但浪费塑料原料，而且同样会给成型带来一定困难。

5. 答：模塑成型工艺过程中，模具温度会直接影响到塑料的充模、塑件的定型、模塑周期和塑件质量。

模具设置的温控系统，应使型腔和型芯的温度保持在规定的范围之内，并保持均匀的模温，以便成型工艺得以顺利进行，并有利于塑件尺寸稳定、变形小、表面质量好、物理和机械性能良好。

6. 答：塑料制品收缩不均匀必然造成塑料制品产生翘曲、变形甚至裂纹等缺陷。

任务七　塑料鱼模具的保养

1. 答：首先应给每副模具配备履历卡，详细记载、统计其使用、护理（润滑、清洗、防锈）及损坏情况，据此可发现哪些部件、组件已损坏，磨损程度大小，以提供发现和解决问题的信息资料，以及该模具的成型工艺参数、产品所用材料，以缩短模具的试车时间，提高生产效率。

2. 答：加工企业应在注塑机、模具正常运转情况下，定期测试模具各种性能，并将最后成型的塑件尺寸测量出来，通过这些信息可确定模具的现有状态，找出模具的损坏所在，根据塑件提供的信息，即可判断模具的损坏状态以及维修措施。

3.（略）。

4.（略）。

项目三

任务一 常用冲床的简介

1. 答：压力机的主要形式有曲柄压力机、液压压力机、摩擦压力机、双动压力机、三动压力机、多工位压力机、弯曲机、精冲压力机、高速压力机和数控冲床等。

最常用的压力机是曲柄压力机。

2. （略）。

3. 答：曲柄压力机的主要技术参数介绍如下：①公称压力 F_p（kN）。②滑块行程 s。③滑块行程次数。④装模高度。⑤工作台尺寸和滑块底面尺寸。⑥模柄孔和漏料孔尺寸。

4. 答：曲柄压力机适用于落料模、冲孔模、弯曲模和拉深模。

5. 答：液压压力机适用于小批量生产大型厚板的弯曲模、拉深模、成型模和校平模。它不会因为板料厚度超差而过载，特别对于行程较大的加工，具有明显的优点。

6. 答：弯曲机适用于小型复杂的弯曲件生产。弯曲机是一种自动化机床，它具有自动送料装置及多滑块，可对带料或丝料进行切边、冲裁、弯曲等加工。每一个动作都是利用凸轮、连杆和滑块单独进行驱动，模具各部分成为独立的单一体，从而大大简化了模具结构。

任务二 开瓶器模具结构分析

1. 答：模具中导向装置的作用是导向作用和定位作用以及承受一定的侧向压力。

2. 答：塑性是指固体材料在外力作用下发生永久变形而不破坏其完整性的能力。材料的塑性是塑性加工的依据。

3. 答：塑性变形时，使金属产生塑性变形的外力称为变形力，金属抵抗变形的力称为变形抗力。变形抗力反映了使材料产生塑性变形的难易程度。变形抗力与变形力数值相等，方向相反。

4. 答：按工艺性质分类：①冲裁模。②弯曲模。③拉深模。④成型模。

5. 答：按工序组合程度分类：①单工序模。②复合模。③级进模。

6. 答：可以使材料分离的模具为冲裁模，如落料模、冲孔模、切断模、切口模、切边模、剖切模等。

任务三　开瓶器模具各零部件的加工

1. 答：(1) 生产过程：生产过程是将原材料或半成品转变成为成品的全过程。它主要包括原材料的运输和保存，生产的准备工作，毛坯制造，零件的加工和热处理，模具的装配、试模和校正，直至包装等。

(2) 工艺过程：机械加工工艺过程是用机械加工方法直接改变生产对象的形状、尺寸、相对位置和性质等，使之成为成品或半成品的过程。

(3) 装配工艺过程：装配工艺过程是按规定的技术要求，将零件或部件进行配合和连接，使之成为半成品或成品的工艺过程。

2. 答：工艺过程一般由以下内容组成：①工序。②安装。③工位。④工步。⑤进给。

3. 答：模具生产的工艺特征表现为：

(1) 毛坯制造采用木模、手工造型、砂型铸造或自由锻造。毛坯精度低、加工余量大。

(2) 除采用通用设备按机群式布置外，更需采用高效、精密的专用加工设备和机床。

(3) 使用通用夹具，而少采用专用夹具，由划线及试切法保证尺寸。

(4) 除采用通用量具及万能夹具外，更需采用精密测量仪器。

(5) 对工人技术要求较高。

(6) 在工艺过程中，同一工序的加工内容较多，即采用集中工序，因而生产效率较低。

(7) 工艺规程是简单的工艺过程卡片。

(8) 一般模具广泛采用配合加工方法，而精密模具则要考虑工作部分的互换性。

(9) 模具生产应最大限度地实行零部件工艺技术及其管理的标准化、通用化、系列化，转单向生产为批量生产。

(10) 模具厂（车间）需具备专业化的生产组织形式，该形式与其生产方式相适应。

4. 答：模具制造工艺过程应满足：①保证模具质量。②保证制造周期。③具有良好的劳动条件。④模具的成本低廉。⑤不断提高加工工艺水平。

5. （略）。

任务四　开瓶器模具的装配

1. 答：冲压模具装配的关键是如何保证凸、凹模之间具有正确、合理、均匀的间隙。这既与模具零件的加工精度有关，也与装配工艺的合理与否有关。

2. 答：控制冲压模具间隙均匀性常用的方法有以下八种：①垫片法。②测量法。③透光法。④镀铜法。⑤涂层法。⑥工艺定位器法。⑦工艺尺寸法。⑧工艺定位孔法。

3. 答：模具组件装配分为：①模架装配。②凸模组件装配。③模柄装配。

4. （略）。

任务五　开瓶器模具的调试

1. 答：清理冲压机工作台面，将冲模放在工作台上，分开上、下模，并垫上一块垫铁以使凸模不进入凹模；调节冲床滑块连杆到最短位置，搬动飞轮，使滑块降到下死点（滑块下降时模柄导入滑块平面的模柄孔中）；调节冲床滑块连杆使滑块下行，直到滑块下平面与冲模上模板的上平面接触，将上模紧固在滑块上；搬动飞轮分开上、下模，取出垫铁；搬动飞轮，使滑块降到下死点，调节冲床滑块连杆使滑块缓慢下降并移动下模，使凸模进入凹模1mm左右；观察上、下模刃口间的间隙是否均匀，若不均匀，则用木锤轻击下模，直到间隙均匀为止，用压板压紧下模；搬动飞轮，试冲一纸板，观察断面情况，判断间隙是否均匀，若不均匀，则再调整，直到间隙均匀为止；调整好后，清除模具和工作台上的杂物，开动冲压设备，空冲一次后再试冲钢板；观察冲裁件断面情况，若周边毛刺不均匀，则再次调整间隙并试冲，直到周边均匀为止。根据试冲钢板情况调节滑块连杆，使凸模进入凹模深度最小。调整完毕后，开动冲压机，进行冲裁。

2. 答：冲裁间隙如果不均匀，将会影响到冲裁件的质量，而且也会影响到模具的使用寿命。搬动飞轮，试冲一纸板，观察断面情况，判断间隙是否均匀，若不均匀，则再调整，直到间隙均匀为止。

3. 答：冲裁时，凸模进入凹模的深度应为1mm，防止过多磨损以延长模具寿命。

4. 答：成品的冲模，应该达到下列要求：

（1）能顺利地将冲模安装到指定的压力机上；

（2）能稳定地冲出合格的冲压零件；

（3）能安全地进行操作使用。

5. 答：冲模试冲包括下列内容：

（1）将冲压模正确安装到指定的压力机上；

（2）用图样上规定的材料在模具上进行试冲；

（3）根据试冲出制件的质量缺陷，分析原因，找出解决办法，然后进行修理、调整，再试模，直至稳定冲出一批合格制件。

任务六　开瓶器模具的保养

（略）。

项目四

任务一 概述

1. 答：（1）CAD 功能使工程设计及制图完全自动化。

（2）CAM 功能为现代机床提供了 NC 编程，用来描述所完成的部件。

（3）CAE 功能提供了产品、装配和部件性能模拟能力。

（4）PDM/PLM 帮助管理产品数据和整个生命周期中的设计重用。

2. 答：（1）具有统一的数据库，可实施并行工程。

（2）采用复合建模技术。

（3）基于特征的建模和编辑方法。

（4）曲线设计采用非均匀 B 样线条作为基础。

（5）出图功能强。

（6）以 Parasolid 为实体建模核心。

（7）提供了界面良好的二次开发工具。

（8）具有良好的用户界面。

3. 答：（1）打好基础。与 UG 关联的知识很广阔，针对三维造型这一方面，至少要有机械制图的基础，这样学起来会事半功倍。

（2）正确把握学习重点，有选择地学习。UG NX 模块的功能很多，如果一开始就什么都想学，那么很可能出现样样通样样松的后果，可以先重点学习其中的某一模块，一个一个来。

（3）从一开始就注重培养规范的操作习惯。

（4）善于归纳及总结。将平时所遇到的问题、失误和学习要点记录下来，归纳总结学习过程中的不足之处并改正。

（5）多练习，多问为什么。有很多人问，去哪里找那么多习题来做？这你就错了，生活当中产品随处可见，你可以看到什么就画什么，这是最好的方法。灵感来源于生活，产品是为生活服务。

（6）多与身边的人交流。如果有条件的话，多看看身边的人是怎么画的，因为每个人的绘图风格都不一样，绘图习惯也不一样，如果能够取长补短，一定会有所收获。

任务二 UG NX8.0 基本操作

一、填空题

（1）捕捉角　（2）细节　（3）替换特征　（4）自动判断　（5）点集　（6）抑

制 　（7）工作 　（8）显示对象数目 　（9）连接；桥接；简化 　（10）工作坐标系 （11）参数化；相关性 　（12）预设置中的捕捉角 　（13）装配克隆 　（14）直线；圆弧 　（15）几何约束；尺寸约束

二、选择题

（1）A 　（2）D 　（3）D 　（4）A 　（5）D 　（6）D 　（7）C 　（8）D （9）B 　（10）B

三、简答题

（1）答：草图的三种约束状态：欠约束、完全约束、过约束。

（2）答：UG 中的体是指包含有体积或面积的几何对象。

它包含实体和片体两种。实体有体积，也有重量；而片体只有面积，没有体积和重量。

（3）答：基准面的用途：①定义草图平面；②作为建立孔等特征的平面放置面；③作为定位孔等特征的目标边缘；④当使用镜像体和镜像特征命令时用作镜像平面；⑤当建立拉伸和旋转特征时用于定义起始或终止界线；⑥用于修剪体；⑦用于在装配中定义定位约束；⑧帮助定义一相对基准轴。

（4）答：常见的步骤包括：①（可选项）设置草图工作层；②选择草图平面和草图方位；③（可选项）草图重命名；④根据需要设置自动约束；⑤创建草图，草图任务环境根据设置自动生成一些约束；⑥（可选项）添加、修改或删除约束；⑦（可选项）拖拽对象或修改尺寸参数；⑧离开草图任务环境。

四、分析题

答：参数化建模是基于特征的实体建模方法。其主要优点是：

（1）基于特征：零件模型由具有一定几何形状的特征组成，通过不同特征在一定位置约束下的不同组合得到模型。

（2）全尺寸约束：用尺寸参数来约束特征及其他几何对象的形状，通过尺寸约束来控制和修改几何形状。

（3）尺寸驱动：当需要修改几何对象的形状时，只需编辑与该形状相关的尺寸参数即可。

（4）全数据相关：模型的形状与其约束各几何对象的尺寸完全相关，几何实体之间也是相关的。

五、实操题

（1）创建挂钩新文件。

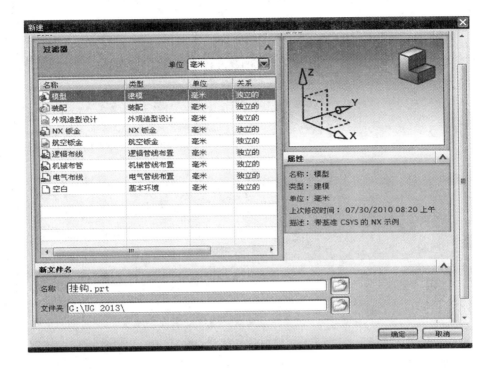

（2）绘制中心线。

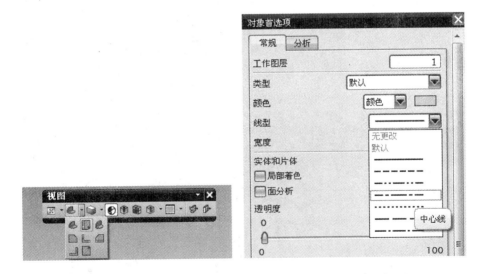

（3）创建草图。

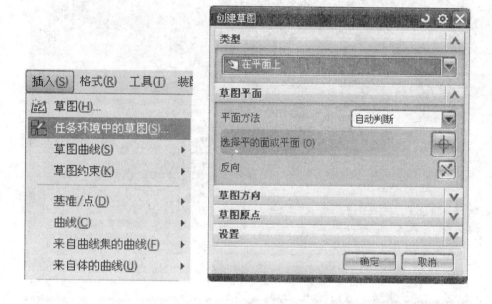

（4）偏置曲线。

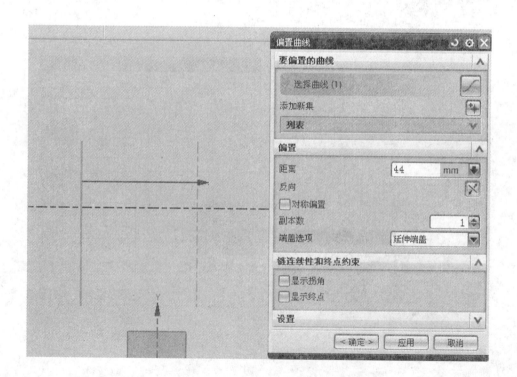

（5）绘制右边四个圆。

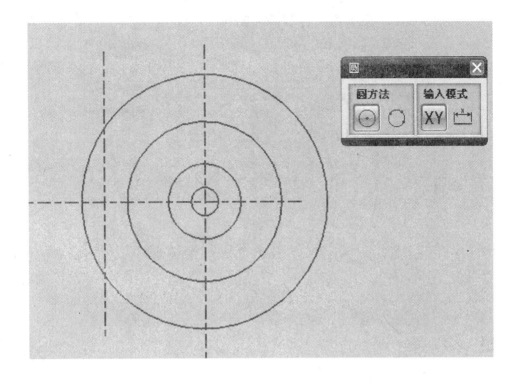

（6）绘制左边两个圆。

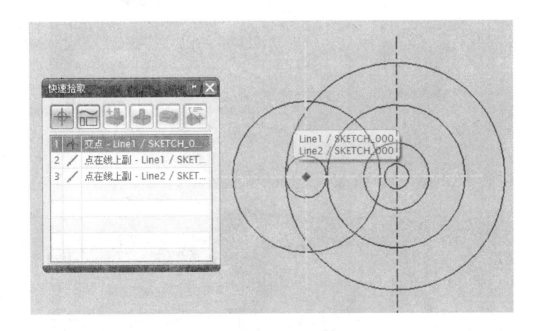

（7）绘制两条公切线。

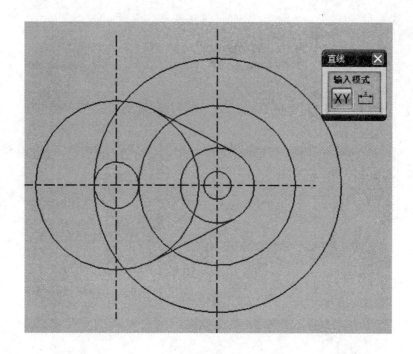

（8）修剪曲线。

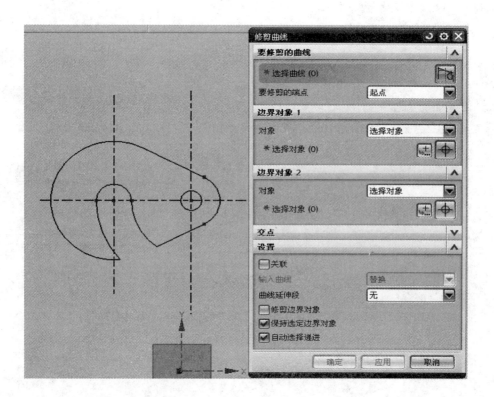

（9）倒圆角。

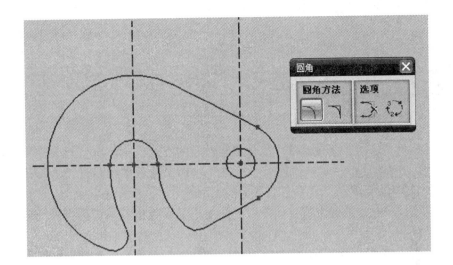

项目五

任务一　Mold Wizard 基础知识

1. 答：Mold Wizard 是 UG 软件中设计注塑模具的专业模块。Mold Wizard 为设计模具的型芯、型腔、滑块、推杆和嵌件提供了更进一步的工具，使模具设计变得更快捷、容易，它的最终结果是创建出与产品参数相关的三维模具，并能用于数控加工。

Mold Wizard 用全参数的方法自动处理那些在模具设计中耗时而且难做的部分，而产品参数的改变将反馈到模具设计中，Mold Wizard 会自动更新所有相关的模具零部件。

Mold Wizard 中集成了许多公司的模架和标准件，这些模架库和标准件库包含有参数化的模架装配结构和模具标准件，很大程度上方便了模具设计人员，大大提高了模具设计效率。用户也可以根据自己的需要定义和扩展 Mold Wizard 数据库，目前成都航空职业技术学院模具教研室已经成功开发出了基于 Mold Wizard 平台的中国国家标准（GB）塑料模架库。

2. 答：初始化项目：用于导入塑件、产品加载，是模具设计必备的第一步骤。导入塑件后系统将进行项目初始化，生成用于存放布局、分模、型芯和型腔等信息的一系列文件，将模具的装配框架创建成功。

模具设计验证：通过模具组件、产品质量以及分型开模三方面进行模具的综合验证。

多腔模设计：在一个模具内可以生成多个不同塑料制品的型芯和型腔。此命令用于一模多腔不同零件的应用。

模具 CSYS：Mold Wizard 自动处理过程是要根据一定的坐标系指向来进行的，如默认 Z 轴为成品的顶出方向。只有正确地设置模具坐标系统才能顺利地完成模具设计任务。此命令用于将当前设置的工作坐标系统转换成为模具坐标系。

收缩率：高温液态的塑料在型腔内冷却成固态塑料制品时会产生收缩，在设计型芯和型腔时就要在塑料制品的基础上补偿这种收缩。此命令可以根据塑料的种类指定其收缩率。

工件：模具的型芯和型腔是用一定尺寸的工件（或者说毛坯）加工而成的。此命令用于定义工件的形状和尺寸。

型腔布局：模具的型腔在模具中可以是矩形、圆形、平衡式、非平衡式等多样的分布。此命令用于设置型腔的数量及其分布情况。

注塑模工具：为顺利完成模具分型，此工具提供了大量的命令，主要是用于修补塑件的工具。

模具分型工具：是将毛坯分割成型芯、型腔的过程。分模过程包括分型线、分型面、分割型芯和型腔等几方面，这是模具设计的关键步骤之一，也是本书学习的一个重点。

模架库：可以直接调用系统所提供的模架厂家的模架装配组件的命令。模架库中的数据都是标准的，不仅可以按自己的要求选择合适的模架，而且还能对部分模架参数进行修改。

标准部件库：包含模具设计过程中常用的标准件，如：浇口套、定位圈、顶杆、螺钉等。这些标准件是按功能分类的，而且也可以进行参数的修改。

顶杆后处理：顶杆也是标准件之一，设计顶杆时，先从标准件库中选出合适的顶杆，然后用此命令修剪顶杆端部使其符合零件的外形。

滑块和浮升销库：塑件上如果存在侧向凸凹，模具开模时便不能顺利地从模腔中取出塑件，需要设计侧向分型与抽芯机构，在取件之前先完成抽芯动作。

子镶块库：模具上某些特征，特别是形状简单且比较细长的，或者是处于难加工的位置，为模具的制造增加了很大的难度及成本，但使用镶块就可以较好地解决这些问题。此命令便可以实现从型芯或型腔中分割出镶块的功能。镶块又名"入子"。

浇口库：液态塑料进入模腔的入口，其形状、位置、大小对塑件质量的影响很大。Mold Wizard 中提供了 8 种浇口，用户可以任意选择并进行尺寸修改。

流道：由主流道到浇口的一段通道，它不可避免地影响塑料进入模腔的热学和力学性能，对于一模多腔的模具应合理布置流道。

模具冷却工具：为了控制塑件的变形并提高生产效率，模具设计冷却系统是必不可少的。此命令可以辅助用户合理地布置冷却孔，并设计出相关的冷却元器件。

电极：复杂的型芯或型腔，使用一般的加工方法，包括数据铣削等方法都很难加工，很多时候就需要用电火花加工，它可以很好地复原型芯和型腔的轮廓。电极是电火花加工所必需的，当指定电极坐标系后，此命令可以创建电极并可建立电极工程图。

修边模具组件：可以根据型芯或型腔的表面对镶块或标准件进行修剪，使其符合产品外形需求。

腔体：可在与标准件相交的所有零件上建立此标准件的避让孔，形成指定的间隙，这些孔洞保持与标准件在尺寸和形状上的相关性。

物料清单：将当前模具结构中的标准件型号、尺寸等信息列表汇总。

装配图纸：提供了完备的功能创建模具工程图，与一般零件或装配体的工程图相比更快捷高效，功能更齐备。既能提供模具装配图生成功能，又能提供模具组件图生成功能。

视图管理器：将模具装配零部件按模具功能进行分类，方便用户查看浏览，提高设计效率。

概念设计：按照已定义的信息配置，并安装模架及标准件。

任务二　瓶盖模具设计实例

（略）。

［1］甄瑞麟．模具制造技术．北京：机械工业出版社，2005.

［2］涂序斌，朱三武，李奇．塑料成型与模具设计．北京：北京理工大学出版社，2009.

［3］黄健求．模具制造．北京：机械工业出版社，2001.

［4］江维健，林玉琼，许华昌．冷冲压模具设计．广州：华南理工大学出版社，2005.

［5］田光辉，林红旗．模具设计与制造．北京：北京大学出版社，2009.

［6］谢力志，单岩，徐勤雁，贾方．模具拆装及成型实训教程．杭州：浙江大学出版社，2011.

［7］王中行，李志国．UG NX8.0 中文版基础教程．北京：清华大学出版社，2014.

［8］李军．UG 模具设计实训教程．北京：北京航空航天大学出版社，2011.